华东师范大学精品教材建设专项基金资助项目

College Mathematics for Liberal Arts Students

大学文科数学 （第二版）

华东师范大学数学科学学院◎组编

柴　俊◎主编

华东师范大学出版社
上海

图书在版编目（CIP）数据

大学文科数学／华东师范大学数学科学学院组编；
柴俊主编. —2 版. —上海：华东师范大学出版社，
2019

ISBN 978 - 7 - 5675 - 9155 - 4

Ⅰ.①大… Ⅱ.①华… ②柴… Ⅲ.①高等数学—高
等学校—教材 Ⅳ.①O13

中国版本图书馆 CIP 数据核字（2019）第 089676 号

华东师范大学精品教材建设专项基金资助项目

大学文科数学（第二版）

组　　编　华东师范大学数学科学学院
主　　编　柴　俊
责任编辑　胡结梅
责任校对　王丽平
装帧设计　俞　越

出版发行　**华东师范大学出版社**
社　　址　上海市中山北路 3663 号　邮编 200062
网　　址　www.ecnupress.com.cn
电　　话　021 - 60821666　行政传真 021 - 62572105
客服电话　021 - 62865537　门市（邮购）电话 021 - 62869887
地　　址　上海市中山北路 3663 号华东师范大学校内先锋路口
网　　店　http://hdsdcbs.tmall.com

印刷者　上海龙腾印务有限公司
开　　本　787 毫米×1092 毫米　1/16
印　　张　9.5
字　　数　213 千字
版　　次　2019 年 6 月第 2 版
印　　次　2023 年 8 月第 6 次
书　　号　ISBN 978 - 7 - 5675 - 9155 - 4
定　　价　29.00 元

出 版 人　王　焰

（如发现本版图书有印订质量问题，请寄回本社客服中心调换或电话 021 - 62865537 联系）

内容提要

　　本书是为人文科学专业学生学习大学数学而编写的教材,在知识的引入、展开与衔接上充分考虑了人文科学学生的特点,注重数学文化、数学思想与数学内容的融合.

　　本书主要内容有极限与连续、导数与微分及其应用、积分及其应用、微分方程简介、线性代数基础等.

　　为了便于学习和理解,每章结束时设置了若干思考题,在一些相关知识点处插入了数学文化的欣赏,并且配置了拓展阅读,读者可以通过扫描二维码阅读文字材料或观看微课.

　　本书也可以供有高中数学基础的读者自学大学数学之用.

　　如用本书作为文科大学数学的教材,建议教学时数 36 到 45,教师可以根据具体情况对本书的内容进行取舍.

第二版前言

本书第一版于 2011 年面世,至今已经十多年了,其特色得到了广大读者的肯定.在这十年多的时间里,大学数学教学和教材发生了不少变化,如信息技术的使用、数学文化的融入、新形态教材的出现等,再加上在本书使用过程中我们也发现了一些不足,因此,决定对本书进行修订.

此次修订以党的二十大精神为指导,在确保正确的政治方向和价值导向的前提下,将教材中过时的案例更新为新技术、新经济中出现的新问题和专业案例;本着体现知识积累和科技创新,纳入目前流行的微课视频,将教材打造成融合创新一体化教材.具体来说,此次修订主要涉及以下几个方面:

1. 除第五章外,每章之后都增加了思考题,帮助读者理解概念,拓展知识.

2. 无穷小量的内容从原来第三章微分一节移到第二章函数极限与函数连续性一节,并适当增加了篇幅.这样做的考虑是可以更早一些使用无穷小量来计算极限.

3. 增加了不定积分的内容,使定积分计算的难度分散,内容衔接更加顺畅.

4. 增加了习题的数量、覆盖范围和难度层次,让教师有更多的选择余地.

5. 增加了八个拓展阅读,其中两个是文字形式,六个是微课形式,通过扫描二维码以新形态呈现.拓展阅读涵盖内容拓展、知识拓展、数学文化等.

本次修订得到了华东师范大学精品教材建设专项基金的资助,华东师范大学出版社也给予了很多非常中肯的建议,数学科学学院的贾挚老师通读了全稿,并指出了不少错误,作者对此表示衷心的感谢!

编　者

2023 年 8 月于华东师大

第一版前言

本书是给大学文科学生写的数学书,内容有微积分和线性代数,是高等数学中最基本的内容.作为给文科学生学习的教材,本书编写的主要目的不是为了教会文科学生如何进行数学推理,掌握数学的逻辑系统.我们希望用数学的思想、历史和应用将基本内容串联起来,使文科学生体会到数学并不是只有抽象的、令人生畏的外表,还有亲切自然的一面.

通常认为数学有三个层面的意义,第一是作为理论的数学,主要是培养学生的逻辑思维能力,是数学研究所必须具备的;第二是作为应用的数学,以前数学是作为一种工具在科学技术中发挥作用,而近年来数学与计算机的结合直接成为能创造财富的生产力了;第三是作为文化修养的数学,我们从小学就开始学习数学,但真正将来能从事数学理论研究和实际应用的人毕竟还是少数,大多数人学习数学是作为训练理性思维能力的载体,是人的基本素质的一部分.一般我们不会要求每个学生都能写诗绘画,但会要求具备艺术修养、文学素质.对待数学也应该如此.

既然是基本素质,我们仅仅知道初等数学,那就很不够了.人类进入工业社会,数学是起了很大作用的.微积分的诞生,在很大程度上影响了工业革命的进程,同时开创了人类科学的黄金时代,成为人类理性精神胜利的标志.而微积分最重要的思想就是"极限",这是近代数学与初等数学的本质性的差别.作为 21 世纪的大学生应该要了解这一点,不然就很难说已经具备了数学的基本素质.这也是编写本书的初衷.

尽管数学素质非常重要,但文科学生对学习数学还是会有一些疑问.比如,数学在人文学科中有什么应用?

实际上,在半个世纪以前的很长时间内,数学的应用还基本局限于物理学、力学等传统领域.二战以后,人们将数学应用于信息、控制领域,产生了"信息论"和"控制论".发电报传送的信息,用脑控制手去捡东西都成了数学研究的对象.影响更大的是美国数学家冯·诺依曼基于数学基础的计算机方案,从理论上为我们今天计算机的飞速发展打下了基础.在 20 世纪 50 年代,数学又被应用到了金融学中,诞生了数理金融学,在以前认为只要简单算术就可以解决问题的金融学中,用起了大量的现代数学.

医学从来就被认为是实验科学,基本是靠医生的经验去解决问题,所谓郎中还是老的好.但是在 20 世纪 60 年代诞生的"X 光断层扫描技术",即我们熟知的 CT 机,就是数学和计算机技术相结合的产物.CT 检查大大提高了疾病的诊断精度,极大地减少了对医生经验的依赖,是数学直接产生生产力的一个很好的例子.现在,数学在文学、考古学等纯文科领域也有了很多的应用.如用数学方法研究文学作品的作者,典型的例子是 20 世纪 80 年代,复旦大学数学系李贤平教授使用数学中的统计学方法,对谁是《红楼梦》的作者进行了研究,得出了自己的结论.在考古学中应用数学,产生了新的学科:计量考古学.

总之,随着社会经济的发展,数学必将在更多的领域中发挥作用.纵观这几十年,很多伟大的发现,都是在传统认为不需要数学的地方运用了数学而获得的.所以,学习数学对于文科学生来说,除了基本素质的要求,还应该看高一层.

在文科专业中,很多学生并不喜欢数学,这或许是由于多少年来我们数学教学总是循着定义、定理、证明这样一条形式化的路线,中学数学基本也是如此,甚至将数学教学变成了解题教学.这种过于死板的教学,对学生的吸引力当然是很有限的,很多学生对数学的反感,大多源于此.在本书中,希望通过我们的探索和努力,让读者对数学有一个新的认识.

本书在成书过程中参考了不少文献和书籍,重要的都列在了书末的参考书目一栏,特别是参考书目 1.

本书由柴俊任主编,并完成全部书稿.同时本书的编写得到了华东师大教学建设基金的资助,也得到了数学系很多同事的帮助,特别是程靖、林磊、汪志鸣、戴浩晖、王一令、袁富荣和贾挚,他们提出了很多非常好的意见和建议,林磊、汪志鸣、戴浩晖、王一令还为本书提供了素材,程靖和贾挚阅读了本书的初稿,改正了初稿中不少错误,在此对他们表示衷心的感谢.

由于试着要改变一些传统,所以有些想法会有局限,也会有很多地方存在疏漏,非常需要广大读者提出批评和建议,我们衷心感谢并一定会认真听取.

柴 俊

2011 年 6 月于华东师大

目　录

第一章 微积分研究的对象——函数

函数是微积分研究的对象,要学习微积分,首先要了解函数.由于在中学阶段已经学习了函数的相关知识,对于函数的基本概念读者应该都是熟悉的.所以本章仅对函数作一个概括,给出一些理解性的论述.

§1 表示变量因果关系的函数

一、函数的概念

世间出现的各种变量之间,有些是有联系的,有些则没有.函数表达的就是变量之间的因果关系,是用来描述事物(变量)关系变化的工具.我们熟悉的一元函数就是两个变量的相互关系,如圆的面积 S 与它的半径 r 这两者就有关系 $S = \pi r^2$.半径定了,面积自然定了(对于半径 r,有唯一确定的面积 S).因此变量 r 就称为自变量,S 的变化是由于 r 的变化引起的,就称为因变量.产生 S 的法则(公式 $S = \pi r^2$)就称为**对应法则**.在一般情形下,对应法则往往用 f 表示.下面是函数的数学定义.

▲**定义 1** 设有两个变量 x 与 y,其中变量 x 在数集 D 中取值.如果对于每个 $x \in D$,变量 y 都能按照一个确定的对应法则 f 有唯一的值与它对应,则称 y 是 x 的函数(或称 f 是数集 D 上的函数),记作

$$y = f(x), \ x \in D.$$

这里 x 是自变量,y 是因变量,x 的取值范围 D 称为函数的**定义域**,因变量的取值范围称为**值域**.中学数学告诉我们,一个函数由它的定义域和对应法则唯一确定,因此值域并不是一个函数的独立要素.

函数的英语名称是"function",所以为什么我们习惯用 f 表示函数也就清楚了.实际上,用其他字母表示函数也是一样的.

从上面的讨论可以知道,函数的表达式是函数对应法则的**代数解释**.

在中学阶段我们就已经知道,一个函数可以与直角坐标系中的一条曲线相对应,这条曲线称为

该函数的图形或图像,这就是对应法则的**几何解释**.如函数 $y=\dfrac{1}{x}$ 的图形就是图 1-1 表示的曲线.

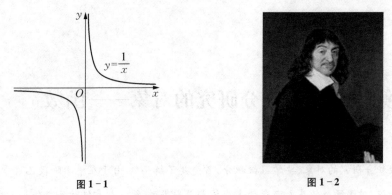

图 1-1

图 1-2

　　一条几何曲线可以用某个函数来表示,这是在笛卡儿(法国数学家,1596—1650)创立直角坐标系以后的事情.也正是笛卡儿,将代数和几何结合在一起,建立了解析几何.代数(公式)和几何(图形)的相互转化,极大地促进了数学的发展,同时也大大增加了数学的应用性,是一个划时代的贡献.在这之前,代数和几何是两码事,没有代数帮忙的欧氏几何(中学称为平面几何),大家都已经领教过它的困难! 直角坐标系的建立是近代数学的起点,为微积分的创立打下了基础,是微积分产生的催化剂.

阅读 1

二、区间与邻域

　　设 a,b 是两个实数,且 $a<b$.实数集 $\{x\mid a<x<b\}$ 称为开区间,记为 (a,b);实数集 $\{x\mid a\leqslant x\leqslant b\}$ 称为闭区间,记为 $[a,b]$.

　　类似的还有左开右闭区间 $(a,b]=\{x\mid a<x\leqslant b\}$,左闭右开区间 $[a,b)=\{x\mid a\leqslant x<b\}$.

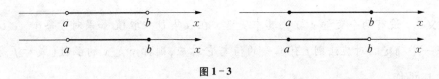

图 1-3

　　上面这些区间统称为有限区间,其中 a,b 称为这些区间的端点,$b-a$ 是这些区间的长度. 除了有限区间,还有无限区间,下面是无限区间的定义.

$$[a,+\infty)=\{x\mid a\leqslant x<+\infty\};\qquad (a,+\infty)=\{x\mid a<x<+\infty\};$$

$$(-\infty,a]=\{x\mid -\infty<x\leqslant a\};\qquad (-\infty,a)=\{x\mid -\infty<x<a\};$$

$$(-\infty,+\infty)=\{x\mid -\infty<x<+\infty\}=\text{全体实数. 全体实数用 }\mathbf{R}\text{ 表示.}$$

　　邻域是一种特殊的区间.设 a,δ 是实数,$\delta>0$. 称数集 $\{x\mid |x-a|<\delta\}=(a-\delta,a+\delta)$ 为点 a 的 δ 邻域,记作 $U(a;\delta)$.a 是这个邻域的中心,δ 是邻域的半径.

　　称 $\{x\mid 0<|x-a|<\delta\}$ 为点 a 的 **δ 去心邻域**,记作 $U^{\circ}(a;\delta)$.显然 $U^{\circ}(a;\delta)=(a-\delta,a)\cup$

$(a, a + \delta)$，也就是将邻域 $U(a; \delta)$ 中心去掉后的实数集.

邻域是讨论函数时常用的概念，务必要掌握.

图 1-4

例 1 试确定下列函数的定义域：

$$(1) f(x) = \frac{4x^2 - 1}{2x - 1}; \qquad (2) f(x) = \ln(1 + x) + \frac{1}{\sqrt{x - 4}}.$$

解 (1) 要使 $f(x) = \frac{4x^2 - 1}{2x - 1}$ 有意义，必须分母不为零，即 $2x - 1 \neq 0, x \neq \frac{1}{2}$. 所以 $f(x) = \frac{4x^2 - 1}{2x - 1}$ 的定义域是 $\left(-\infty, \frac{1}{2}\right) \cup \left(\frac{1}{2}, +\infty\right)$.

(2) 易知 $f(x) = \ln(1 + x) + \frac{1}{\sqrt{x - 4}}$ 中第一项的定义域是 $D_1 = (-1, +\infty)$，第二项的定义域为 $D_2 = (4, +\infty)$. 两项都要满足的自变量取值范围，就是 $f(x)$ 的定义域 $D_1 \cap D_2 = (4, +\infty)$.

三、函数的表示

1. 解析法（或称公式法）. 这是在以往的学习中，我们比较熟悉的函数表示法，即函数的两个变量之间的关系用一个解析式来表示，如线性函数 $y = ax + b$，幂函数 $y = x^n$，三角函数 $y = \sin x$ 等等. 但有时两个变量尽管有联系，但却很难找出一个公式来表示它们之间的函数关系，这时就需要用其他方式来表示变量之间的函数关系.

2. 数值法（表格法）. 数值法是将两个变量之间的对应关系通过数值对应的形式来表示函数的方法. 如表 1.1 是 2010 年上海世博会某天（9 月 8 日）入园人数与时间的关系，显然这是一个用数值（表格）表示的函数关系. 在科学实验中，两个变量之间的函数关系，通常只能通过数值方法来表示.

表 1.1 2010 年 9 月 8 日从 9 点到 24 点上海世博会入园人数（单位：千人）

时间 t	9	10	11	12	13	14	16	18	20	22	24
入园人数 L	0	141	190	202	209	214	224	241	249	250	250

3. 图形法. 图形法是通过图形来表示函数：在一个直角坐标系中的一条曲线，当任何垂直于 x 轴的直线与该曲线最多只有一个交点时，这条曲线就表示一个函数.

图 1-5 中函数的定义域 D 是曲线在 x 轴上的投影 $[a, b]$；对应法则是这样的：在定义域中任取一点 $x_0 \in$

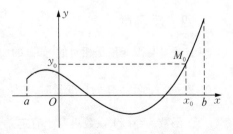

图 1-5

$[a, b]$,过点 x_0 与 x 轴垂直的直线与曲线交于唯一的一点 $M_0(x_0, y_0)$,M_0 的纵坐标 y_0 就是点 x_0 的对应值.所以图 1-5 的图形就表示了一个函数.

通过上面的讨论可知,函数通常有三种表示方法:解析法(又称**公式法**)、**数值法**和**图形法**.在计算机飞速发展的今天,数值法越来越显示出它的重要性,因为计算机就是以数值计算见长.而且在我们日常生活和社会人文科学中碰到的函数关系,很多都是数值形态的,我们经常看到的国民经济的统计数据、人口与消费等,都是数值形态的.

在这几种表示方法中,解析法的优点是函数关系明确,便于数学推导,在理论研究上非常重要.图形法的优点是形象,便于宏观观察,很容易看出函数的变化趋势,但不像解析法那样精确,至于要求一点的函数值那就只能根据图形估计了.由此看到,图形法的优点恰是解析法的缺点,图形法的短处又恰是解析法的长处.

数值法表示函数其实在中学就已经有过体验,如数学手册中的三角函数表、对数表等就是用数值法表示三角函数和对数函数的例子.数值法的优点是表中列出的那些点(只能是有限个!)的函数值非常明确,但缺少整体的对应.正因为这个缺点,以前在数学教材中很少受到关注,但现在我们应该多多关注它了.

例2 某市出租车计费标准如下:3 千米(含)以内 14 元,大于 3 千米小于 15 千米(含)时,每千米 2.5 元,超过 15 千米的,每千米 3.8 元.试列出行驶距离 x 与车费 y 的函数关系式.

解 根据题意

当 $0 < x \leqslant 3$ 时,$y = 14$.

当 $3 < x \leqslant 15$ 时,$y = 14 + 2.5(x - 3) = 6.5 + 2.5x$.

当 $x > 15$ 时,$y = 14 + 2.5(15 - 3) + 3.8(x - 15) = -13 + 3.8x$. 即

$$y = \begin{cases} 14, & 0 < x \leqslant 3, \\ 6.5 + 2.5x, & 3 < x \leqslant 15, \\ -13 + 3.8x, & x > 15. \end{cases}$$

在自变量不同的取值范围用不同的解析式来表示同一个函数,称为**分段函数**,如例 2 中的函数.

四、反函数

自变量与因变量是相对的,如圆的面积公式中 $S = \pi r^2$,将半径 r 当作自变量时,面积是半径的函数.而将面积 S 作为自变量时,半径 r 是 S 的函数:$r = \sqrt{\dfrac{S}{\pi}}$.

设函数 $y = f(x)$ 在数集 D 上有定义,对应 D 的值域是 $W = \{f(x) \mid x \in D\}$.如果对任何 $y \in W$,在 D 中有唯一的数 x,使 $f(x) = y$,则这个对应法则定义了在数集 W 上的一个函数,这个函数称为

$y = f(x)$ 在 D 上的**反函数**,记作

$$x = f^{-1}(y), \quad y \in W.$$

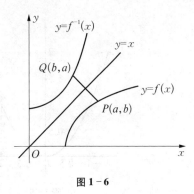

图 1-6

习惯上我们用 x 表示自变量,y 表示因变量. 因此,将反函数中两个变量位置互换一下,得到 $y = f^{-1}(x)$. 除非有特别的说明,以后说函数 $y = f(x)$ 的反函数就是指 $y = f^{-1}(x)$. 反函数的定义域是 W,值域是 D.

反函数的图形与直接函数的图形是关于直线 $y = x$ 对称的(图 1-6).

这是因为若点 $P(a, f(a))$ 在曲线 $y = f(x)$ 上,则 $Q(f(a), a)$ 在曲线 $y = f^{-1}(x)$ 上,反之亦然.所以,曲线 $y = f(x)$ 与 $y = f^{-1}(x)$ 是关于直线 $y = x$ 对称.

例3　二次函数 $y = x^2$ 在其定义域 $(-\infty, +\infty)$ 中没有反函数,因为对于任何 $y \in [0, +\infty)$,有两个值 $x_1 = \sqrt{y}$,$x_2 = -\sqrt{y}$ 与之对应. 但是在 $[0, +\infty)$ 上,有反函数 $y = \sqrt{x}$;在 $(-\infty, 0]$ 上,有反函数 $y = -\sqrt{x}$.

例4　求函数 $y = \dfrac{1}{2}x - 3$ 的反函数.

解　求反函数的方法是:先从 $y = f(x)$ 解出 x,得到 $x = f^{-1}(y)$,再将 x,y 互换即可.于是先解出 x,得 $x = 2y + 6$. 再互换 x,y,得到要求的反函数

$$y = 2x + 6.$$

五、基本初等函数和初等函数

从上面的讨论知道,函数的种类有很多,有些能用解析式表示,有些只能用表格和图形表示.在所有能用解析式表示的函数中,有六类我们常见的函数称为**基本初等函数**,分别是:

1. 常值函数:$y = C$(C 是常数),即不论自变量取何值,其对应的函数值总是常数 C.常值函数的图形如图 1-7 所示.

2. 幂函数:$y = x^\alpha$,α 是一个实数.中学阶段的幂函数要求 α 是有理数.当 $\alpha = 2$ 时,就是熟知的二次函数 $y = x^2$(图 1-8);当 $\alpha = \dfrac{1}{2}$ 时,为 $y = \sqrt{x}$(图 1-9);$\alpha = -1$ 时,为反比例函数 $y = \dfrac{1}{x}$(图 1-1).

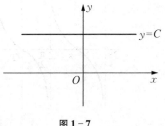

图 1-7

3. 指数函数:$y = a^x$($a > 0$,$a \neq 1$),特别当 $a = e$ 时,$y = e^x$(图 1-10).

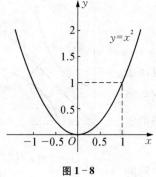

图 1 - 8

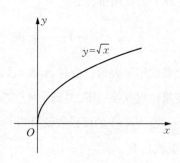

图 1 - 9

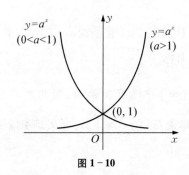

图 1 - 10

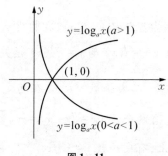

图 1 - 11

4. 对数函数：$y = \log_a x(a > 0, a \neq 1)$. 对数函数是指数函数的反函数, 当 $a = \mathrm{e}$ 时, 就是非常重要的自然对数函数 $y = \ln x$ (图 1 - 11).

5. 三角函数：$y = \sin x$, $y = \cos x$, $y = \tan x$, $y = \cot x$ (图 1 - 12 和图 1 - 13).

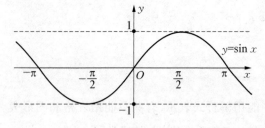

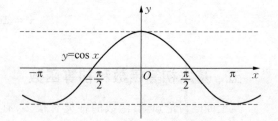

图 1 - 12

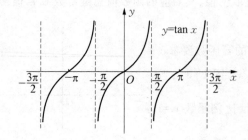

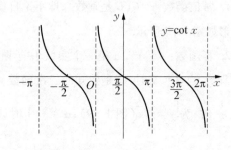

图 1 - 13

6. 反三角函数：$y = \arcsin x$, $y = \arccos x$, $y = \arctan x$, $y = \operatorname{arccot} x$ (图 1 - 14 ~ 图 1 - 17).

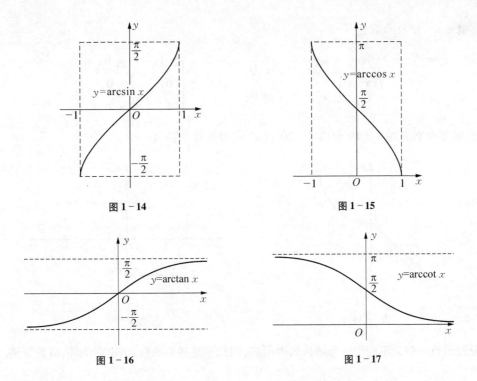

图 1 - 14   图 1 - 15

图 1 - 16   图 1 - 17

这六类函数经过有限次的加减乘除以及复合运算,产生的函数如果能用一个解析式表示,就称为**初等函数**.在现阶段我们所看到的函数绝大部分都是初等函数.

什么是函数的复合运算? 有时两个变量之间的关系不那么直接,需要通过第三个变量联系起来,如在物体的自由落体中,动能 E 与时间 t 之间的关系就是要通过速度 v 获得:物体的质量是 m,动能与速度的关系是 $E = \dfrac{1}{2}mv^2$,速度又是时间的函数 $v = gt$,所以动能 E 就成了时间 t 的函数 $E = \dfrac{1}{2}mv^2 = \dfrac{1}{2}mg^2t^2$.这个过程,就是函数的复合,$E = \dfrac{1}{2}mg^2t^2$ 称为由函数 $E = \dfrac{1}{2}mv^2$ 与 $v = gt$ 复合得到的**复合函数**,中间出现过的变量 v 称为**中间变量**.

复合函数实际上是通过若干个中间变量,最终将两个不直接相关的变量(自变量和因变量)建立起函数关系.就如甲乙两人本不直接认识,通过丙的介绍相识,丙就是中间变量,甲乙之间的关系犹如复合函数.

一般情况下,对于两个函数 $y = f(u)$,$u = g(x)$,如果 $g(x)$ 的值域与 $f(u)$ 的定义域有公共部分,则这两个函数就可以复合成 $y = f[g(x)]$(见图 1 - 18).通常称 f 为**外层函数**,称 g 为**内层函数**.

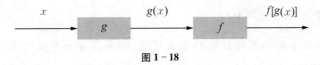

图 1 - 18

例 5 函数 $y = e^{\sin x}$ 是由基本初等函数 $y = e^u$,$u = \sin x$ 复合而成的;函数 $y = \ln(x + \sqrt{1 + x^2})$ 是由 $y = \ln u$,$u = x + \sqrt{v}$,$v = 1 + x^2$ 复合而成.

例 6　分段函数:

$$f(x) = \begin{cases} x+1, & x < 0, \\ e^x, & x \geq 0; \end{cases} \quad g(x) = \begin{cases} -1, & x < 0, \\ 0, & x = 0, \\ 1, & x > 0, \end{cases}$$

它们的图形分别是图 $1-19$ 和图 $1-20$. $g(x)$ 常称为符号函数.

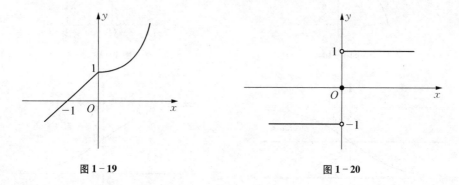

图 1-19　　　　　　　图 1-20

分段函数一般是不能用一个解析式表示的,因此不是初等函数,但也有例外,请看下例.

例 7　$y = \begin{cases} -x, & x < 0, \\ x, & x \geq 0, \end{cases}$ 是分段函数(图 $1-21$),但可

以用 $y = \sqrt{x^2}\ (=|x|)$ 表示,所以是初等函数.

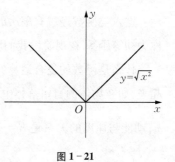

图 1-21

例 8　我们知道,世界上有两个温度标准:华氏度和摄氏度.我国用摄氏温标,美国用华氏温标.这两个温标之间的关系是

$y = \dfrac{5}{9}(x-32)$,其中 x 表示华氏温度,y 表示摄氏温度.这是一个

线性函数,也可以看成幂函数和常值函数相减.有了这个公式,你就不会被华氏温度搞糊涂了.

六、函数的基本性质

函数的基本性质是指有界性、单调性、奇偶性和周期性.不是每个函数都会有这些性质,但了解这些性质对我们今后进一步熟悉和学习微积分是有很大好处的.

1. 有界与无界

函数的有界性是一个很重要的性质,所谓有界,就是指这个函数的值域可以包含在某个闭区间中.我们用数学化的语言表述如下:

▲**定义 2**　设函数 $y = f(x)$ 在数集 D 上有定义,如果存在一个正数 $M > 0$,使函数的值域 $\{y \mid y = f(x), x \in D\} \subset [-M, M]$,即 $|f(x)| \leq M$ 对所有的 $x \in D$ 成立,则称函数 f 是数集 D 上的**有界函数**,或称 f 在 D 上有界.否则就称 f 在 D 上无界.

注意　定义 2 中的 M 只要存在就行,并没有要求是最小的.

无界是有界的反面,函数 f 在 D 上无界就是再大的闭区间也无法将该函数的值域包含在内,总有例外.数学化的表述就是:对于任何无论怎样大的正数 M,总有 $x_M \in D$,(下标 M 是指这个 x 与 M 有关)使得

$$|f(x_M)| > M.$$

欣赏   宋朝叶绍翁的诗《游园不值》"应怜屐齿印苍苔,小扣柴扉久不开.春色满园关不住,一枝红杏出墙来."中的诗句"春色满园关不住,一枝红杏出墙来"从文学的意境表达了无界的含义:再大的园子(闭区间)也无法将所有的春色(函数值)关住,总有一枝红杏(某个函数值)跑到园子的外面.诗的比喻如此恰切,其意境把枯燥的数学语言形象化了.

例 9   正弦函数 $y = \sin x$ 和余弦函数 $y = \cos x$ 在其定义域 $(-\infty, +\infty)$ 内是有界函数,因为对一切的 $x \in (-\infty, +\infty)$,都有 $|\sin x| \leqslant 1$,$|\cos x| \leqslant 1$.

反比例函数 $y = \dfrac{1}{x}$ 在 $[1, +\infty)$ 上是有界函数,因为当 $x \in [1, +\infty)$ 时,$\left|\dfrac{1}{x}\right| \leqslant 1$;而在 $(0, +\infty)$ 上则是无界的,因为当自变量 x 无限接近于 0 时,其函数值会无限地增大,再大的闭区间也无法将其全部包含(图 1-1).

可见,函数的有界性与所考虑的自变量的取值范围有关,在大的范围无界,在小的范围内可能就有界了!

函数 $f(x)$ 在区间 $[a, b]$ 上有界的几何解释是:函数 $y = f(x)$ 在区间 $[a, b]$ 上的图形位于两条直线 $y = -M$ 与 $y = M$ 之间(图 1-22).

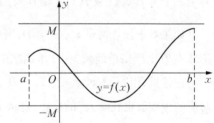

图 1-22

例 10   判断下列函数的有界性:

(1) $y = 4 + 3\sin x - 5\cos 2x$;   (2) $y = \ln x$,$x \in (1, +\infty)$.

解   一个函数 $f(x)$ 是否有界,就看是否能找到一个正数 M,使得对一切在讨论范围的 x,有 $|f(x)| \leqslant M$. M 只要存在即可,并不要求是最小的.

(1) 因为

$$|y| = |4 + 3\sin x - 5\cos 2x| \leqslant 4 + 3|\sin x| + 5|\cos 2x|$$
$$\leqslant 4 + 3 + 5 = 12 (M = 12),$$

所以 $y = 4 + 3\sin x - 5\cos 2x$ 在定义域内有界.

(2) 观察 $y = \ln x$ 的图形(图 1-11),可以判断出 $y = \ln x$ 在区间 $(1, +\infty)$ 上无界.验证如下:

对任意 $M > 0$(不论多大),只要取 $x_M = \mathrm{e}^{M+1} \in (1, +\infty)$,就有 $\ln x_M = \ln \mathrm{e}^{M+1} = M + 1 > M$,所以,$y = \ln x$ 在区间 $(1, +\infty)$ 上无界.

2. 单调增加与单调减少

函数的单调增加(或减少)是指当自变量变大时,对应的函数值也在变大(或变小).函数单调

增加和减少统称为**函数的单调性**.

如果一个函数的定义域是有限集,这个函数就可以列成表格.函数是否单调,只要把自变量由小到大排列起来,看函数值是否不断增加(或减少)就可以了.

例 11　40 年来我国国民生产总值(简称 GDP)年度数据见表 1.2,从表中看到,随着时间的增加,GDP 也增加,显然是单调增加函数.

表 1.2　我国 1978—2017 年 GDP 数据,是单调增加函数

年　份	1978	1980	1985	1990	1995	2000	2005	2010	2015	2016	2017
GDP(亿元)	3624	4517	8964	18 548	58 487	89 468	183 868	397 983	689 052	743 585	827 122

由于只有有限个数据,一个个地比较就可以判断了,没有什么困难.但是如果定义域是一个区间,就麻烦了,因为你根本无法将一个区间的实数按大小排起来,也就无法逐一检验"自变量变大时,对应的函数值也在变大"这个条件.怎么办? 于是,我们用数学化的方法定义如下:

▲定义 3　设函数 $f(x)$ 在数集 D 上有定义,如果对于任意两点 x_1, $x_2 \in D$,当 $x_1 < x_2$ 时,有 $f(x_1) < f(x_2)$(或 $f(x_1) \leqslant f(x_2)$),则称函数 $f(x)$ 在 D 上严格单调增加(或单调增加).

如果对于任意两点 x_1, $x_2 \in D$,当 $x_1 < x_2$ 时,有 $f(x_1) > f(x_2)$(或 $f(x_1) \geqslant f(x_2)$),则称函数 $f(x)$ 在 D 上严格单调减少(或单调减少).

在这里,用"任意两点 x_1, $x_2 \in D$,当 $x_1 < x_2$ 时,有 $f(x_1) < f(x_2)$"完成了对"自变量变大时,对应的函数值也在变大"的检验,显示了数学语言的简洁而且严密.

例 12　通过函数的图形,容易看出,线性函数 $y = 2x + 1$(图 1-23) 在其定义域 $(-\infty, +\infty)$ 上严格单调增加;指数函数 $y = e^x$(图 1-10) 在其定义域 $(-\infty, +\infty)$ 上严格单调增加;$y = \cos x$(图 1-12) 在闭区间 $[0, \pi]$ 上严格单调减少.

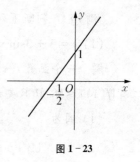

图 1-23

与有界性类似,函数的单调性也与自变量的取值范围有关.如二次函数 $y = x^2$(图 1-8),在 $[0, +\infty)$ 上单调增加,在 $(-\infty, 0]$ 上单调减少,而在整个定义域 $(-\infty, +\infty)$ 上则不具有单调性.

3. 奇偶性和周期性

在中学数学学习中,已经学习过这两个性质,这里仅作简单介绍,不再多叙.

▲定义 4　设函数 f 在数集 D 上有定义,D 关于原点对称.如果 $f(-x) = f(x)$,$x \in D$,则称 f 为 D 上的偶函数;如果 $f(-x) = -f(x)$,$x \in D$,则称 f 为 D 上的奇函数.

由定义 4 知,奇函数的图形是关于原点对称的,而偶函数的图形是关于 y 轴对称的.还有一点要注意,讨论函数的奇偶性时,涉及的数集 D 一定是关于原点对称,即当 $x \in D$ 时,也有 $-x \in D$.

▲定义 5　设 $f(x)$ 的定义域为 D,如果 $f(x + T) = f(x)$ 对一切 $x \in D$ 成立,则称 f 为**周期函**

数,T 称为周期.使得 $f(x+t)=f(x)$ 成立的最小正数 t 称为 f 的最小正周期.

一般所说的周期都是指最小正周期,如 $y=\sin x$ 的周期是 2π、$y=\tan x$ 的周期是 π 等.

§2 函数的实例

这里举几个函数的实际例子,领略一下函数的实用价值.

例1 复利问题.银行要对存贷款计算利息,是金融学中的一个基本问题.计息方法有多种,最常见的有单利计息和复利计息.所谓复利计息,就是每个计息期满后,随后的计息期将前一计息期得到的利息加上原有本金一起作为本次计息期的本金,俗称"利滚利".

这好比一对兔子,经过一段妊娠期之后,会生出一对小兔子来.此后,大兔子继续生小兔子,小兔子又会生小小兔,小小兔还会生小小小兔……试问经过一段时间之后,将会有多少对兔子? 这与复利是同一性质的问题.下面来看复利计息的计算.

一般银行计息周期是以年为单位的,即每年计息一次.设年利率为 r,本金为 A,一年以后的利息为 $I=Ar$,本利和(本金加利息的和)为

$$A_1 = A + Ar = A(1+r).$$

于是第二个计息期以 A_1 为本金,到期的本利和为

$$A_2 = A_1 + A_1 r = A(1+r) + A(1+r)r = A(1+r)^2.$$

因此,经过连续 n 个计息期的到期本利和就是下面的**复利计息公式**

$$A_n = A(1+r)^n. \tag{1.1}$$

如果每年不是计息一次,而是计息 t 次(如三个月的定期存款,每年计息 4 次),于是原 n 个计息期就变成了 nt 个计息期,而每个计息期的利率则是 $\dfrac{r}{t}$,这样公式(1.1)就变成

$$A_n = A\left(1 + \frac{r}{t}\right)^{nt}. \tag{1.2}$$

以后还会看到,当 t 越来越大趋于无穷时,公式(1.2)会是怎样的结果.

例2 测定生物体年龄.碳 14(^{14}C)是放射性物质,随时间而衰减,碳 12 是非放射性物质.活性物体(生物或植物)通过与外界的相互作用(吸纳食物、呼吸等)获得碳 14,恰好补偿碳 14 衰减损失量而保持碳 14 含量的比例不变,因而所含碳 14 与碳 12 之比为常数,但死亡后由于碳 14 无法得到补充,会随时间的增长而逐渐衰减.因此碳 14 测定技术已经成为考古学的常用技术手段,它是数学应用的结果.现已测知一古墓中遗体所含碳 14 的数量为原有

碳 14 数量的 80%,试求遗体的死亡年代.

解 科学研究已经证实,放射性物质的衰减速度与该物质的含量成比例,并且符合指数函数的变化规律.设遗体当初死亡时 ^{14}C 的含量为 p_0,在 t 时的含量为 $p=f(t)$,故 $p_0=f(0)$,衰减的比例系数为常数 k,于是 ^{14}C 含量与时间的函数关系就是

$$p = f(t) = p_0 e^{kt}.$$

衰减系数 k 是这样确定的:因为从化学知识知道,^{14}C 的半衰期为 5730 年,即 ^{14}C 经过 5730 年后其含量会减少一半,因此有

$$\frac{p_0}{2} = p_0 e^{5730k}, \text{约去} p_0, \text{得} \frac{1}{2} = e^{5730k}.$$

两边取对数,$5730k = \ln \frac{1}{2}$,用计算器很容易计算出 $k = -0.000\,120\,9$.

于是我们得到 ^{14}C 含量与时间之间的函数关系是

$$p = p_0 e^{-0.000\,120\,9t}. \tag{1.3}$$

将(1.3)式用于本题,已知 $p = 0.8p_0$,代入得 $0.8 = e^{-0.000\,120\,9t}$,取自然对数 $\ln 0.8 = -0.000\,120\,9t$,用计算器计算得 $t \approx 1846$(年).即古墓中遗体已经死亡了约 1846 年,应该是汉朝人.

例 3 人口模型.假设在一定时期内,某国的年人口增长率(即出生率减去死亡率)是一个常数 r,即如果第一年的人口为 P_0,则第二年的人口就是 $P_1 = P_0(1 + r)$,以此类推,第 n 年的人口为 $P_n = P_0(1 + r)^n$(可以看到人口问题与复利问题也是一样性质的问题).设该国原有人口为 1 亿,$r = 2\%$,问多少年后,该国人口将达到 2 亿?

解 设 n 年后人口达到 2 亿,将具体数据代入上述公式,得 $2 = 1 \cdot (1 + 2\%)^n$.取对数,得到

$$\ln 2 = n\ln 1.02, \quad n = \frac{\ln 2}{\ln 1.02} = \frac{0.693\,15}{0.019\,80} \approx 35 \text{(年)}.$$

约 35 年后,该国人口将达到 2 亿.

当 r 很小时,有 $e^r - 1 \approx r$,于是人口函数模型还可以写成

$$P_n = P_0(1 + r)^n \approx P_0 e^{rn}.$$

马尔萨斯(Malthus,英国,1766—1834)根据上述模型提出了著名的马尔萨斯人口理论.不过上述模型仅适用于生物种群(动物、鱼类、细菌)生存环境宽松的情况,当生存环境恶化(如食物短缺)时此模型就不适用了.

例 2 和例 3 的最终结果都归结到以 e 为底的指数函数(在第二章可以看到例 1 最终也归结为以 e 为底的指数函数),其中有无内在的原因?请关注下一章的内容.

思考题

1. 复合函数可以是分段函数吗?

2. 设 $f(x)$ 在区间 $(-l, l)$ 上有定义,问 $f(x)$ 是否可以表示成一个奇函数与一个偶函数的和? 如果可以请写出具体表达式.

习 题 一

1. 求下列函数的定义域:

(1) $y = \dfrac{1}{\ln(1-x)}$;

(2) $y = \sqrt{\sin x} + \sqrt{16 - x^2}$.

2. 已知 $f(x) = x^2 - 3x + 7$,求 $f(2+h)$,$\dfrac{f(2+h) - f(2)}{h}$.

3. 已知 $f\left(1 + \dfrac{1}{x}\right) = \dfrac{2x + 1 - x^2}{x^2}$,求 $f(x)$.

4. 求下列函数的反函数:

(1) $y = \dfrac{1 - x}{1 + x}, x \neq 1$;

(2) $y = 1 + \ln(x + 3)$.

5. 指出下列各函数是由哪些基本初等函数复合而成:

(1) $y = \arctan\sqrt{x}$;

(2) $y = e^{\sin x^2}$.

6. 判断下列函数的有界性:

(1) $y = 1 + 3\sin x - 5\cos x$;

(2) $y = x\sin x$;

(3) $y = \dfrac{x}{1 + x^2}$;

(4) $y = \dfrac{1}{x - 1}, x \in (0, 1)$.

7. 指出下列函数的单调性:

(1) $y = x^4, x \in (-\infty, +\infty)$;

(2) $y = x + \arctan x, x \in (-\infty, +\infty)$.

8. 长沙马王堆一号墓于 1972 年 8 月出土,测得尸体的 ^{14}C 的含量是活体的 78%.求此古墓的年代.

9. 一个圆柱形有盖饮料罐,其容积是一个定值 V,底面半径是 r,求此罐的表面积 A 与底面半径 r 的函数关系.

10. 建立函数关系.请根据现行的个人所得税纳税标准(请自行查找),建立工薪收入 x 与纳税额 y 之间的函数关系.当一个人每月薪金收入从 8000 元提高到 10 500 元时,要多缴纳多少税款?

第二章　微积分的基础——极限

　　"极"、"限"二字,在我国古代就有了,今天,人们把"极限"连起来,将不可逾越的数值称为极限,因此"挑战极限"成了当今的流行用语.自从1859年清代数学家李善兰(1811—1882,图2-1)和英国传教士伟列亚力(A. Wylie)翻译《代微积拾级》时,将"limit"翻译为"极限",用以表示变量的变化趋势,极限也就成为了数学名词.

著名数学家,在《方圆阐幽》中较早阐发了微积分的初步理论.在《垛积比类》中,他说明了高阶等差数列的理论,提出"李善兰恒等式".

李善兰

图2-1

§1　数列极限的初步认识

　　在微积分教科书中,常常用《庄子·天下篇》中的"一尺之棰,日取其半,万世不竭"作为极限的例子.这个"棰"的剩下部分的长度用数学符号表示,就是以下数列

$$1, \frac{1}{2}, \cdots, \frac{1}{2^n}, \cdots.$$

当时间(日数)n的不断增加并趋向于无穷大时,尽管它剩下部分的长度总不会是零,但会无限地接近0,最后的归宿(极限)就是0.它非常形象地描述了一个无限变化的过程.

　　一般地,把根据某个规则按照自然数顺序排成一列的无限多个实数

$$x_1, x_2, \cdots, x_n, \cdots$$

称为**数列**.其中第n项x_n称为该数列的通项,上述数列可以简记为$\{x_n\}$.

　　如果数列的通项x_n随着n增大而能无限接近某个固定常数a,则称这个数列$\{x_n\}$是**收敛**的,称a是数列的极限,记作$\lim\limits_{n\to\infty}x_n = a$.

　　如上面"一尺之棰"的数列$\left\{\dfrac{1}{2^n}\right\}$,其极限是0.我们把有极限的数列称为**收敛数列**,没有极限的数列称为**发散数列**.

　　先看几个例子,以增加对数列极限的感性认识.

例 1　数列 $1, \dfrac{1}{2}, \dfrac{1}{3}, \cdots, \dfrac{1}{n}, \cdots$，通项为 $x_n = \dfrac{1}{n}$，极限 $\lim\limits_{n \to \infty} \dfrac{1}{n} = 0$.

例 2　数列 $1, -1, 1, \cdots, (-1)^{n-1}, \cdots$，通项为 $x_n = (-1)^{n-1}$，始终在 1 与 -1 之间振动,所以没有极限.

例 3　$2, \dfrac{1}{2}, \dfrac{4}{3}, \dfrac{3}{4}, \cdots$，通项为 $x_n = \dfrac{n + (-1)^{n-1}}{n} = 1 + \dfrac{(-1)^{n-1}}{n}$. 这个数列虽然不像例 1 那样是单调减少地逼近极限,但还是有极限的,其极限是 1,尽管数列的通项不断在 1 的两边振荡,一会儿大,一会儿小.

例 4　$1, 2, 4, 8, \cdots$，通项为 $x_n = 2^{n-1}$，当 $n \to \infty$ 时, $x_n \to \infty$，数列没有极限.

为了进一步了解数列极限,作以下讨论:

(1) 有理数组成的收敛数列,极限值可能是有理数,也可能是无理数.如由有理数构成的数列 $\left\{ \dfrac{1}{2^n} \right\}$，其极限是 0.又如无理数 $\sqrt{2}$，则可以看成是其不足近似组成的有理数列 $\{1.4, 1.41, 1.414, 1.4142, \cdots,\}$ 的极限.这个数列虽然写不出通项,却知道它无限接近实数 $\sqrt{2}$.

同样,圆周率 π 也可以是某个有理数数列的极限.

(2) 从上面的例 3 看到,当数列收敛时,数列的通项不必是单调增加或单调减少地逼近极限;另外,数列的各项也不必一定是后一项总比前一项更靠近极限值,但是最后的总趋势还是趋向极限值.例如数列

$$\frac{1}{2}, 1, \frac{1}{4}, \frac{1}{3}, \cdots, \frac{1}{n + (-1)^{n+1}}, \cdots$$

的极限也是 0,但是各项离极限 0 的距离忽大忽小,第 3 项 $\dfrac{1}{4}$ 离 0 近,第 4 项 $\dfrac{1}{3}$ 反而离 0 远些,不过它的总体趋势还是趋向于 0.

(3) 不要忘记常数列,常数列总是有极限的.

例如,常数列 $1, 1, \cdots, 1, \cdots$ 的极限就是 1 本身.

(4) 数列的极限是唯一的,但是不同的数列却可以有相同的极限.例如,0 是下列数列的极限:

$$0, 0, 0, \cdots, 0, \cdots;$$

$$1, \frac{1}{2}, \frac{1}{2^2}, \cdots, \frac{1}{2^n}, \cdots;$$

$$-1, \frac{1}{2}, -\frac{1}{3}, \frac{1}{4}, -\frac{1}{5}, \frac{1}{6}, \cdots.$$

§2 数列极限的数学定义

有了极限的感性认识,本节我们要用数学语言来给出极限的严格定义,看看数学是如何将极限的"无限接近"这种可以意会,难以言传的说法精确成数学符号的.

▲**定义1** 设 $\{x_n\}$ 是一个(实数)数列,a 是一个实数,如果对任意给定的正数 $\varepsilon > 0$(无论多么小),都存在自然数 N,当 $n > N$ 时,总有 $|x_n - a| < \varepsilon$,则称 a 是数列 $\{x_n\}$ 的极限,记作

$$\lim_{n \to \infty} x_n = a, \text{或} \ x_n \to a \ (n \to \infty).$$

此时也称数列 $\{x_n\}$ 是收敛的.

定义1是用"不管你给多么小的正数 ε,总可以在数列 $\{x_n\}$ 中找到一项 x_N,在 x_N 后面的任何项 x_n 与 a 的距离 $|x_n - a|$ 总是小于 ε"的数学语言取代了"随着 n 的无限增大,数列的通项 x_n 就会无限接近于 a"这种模糊的语言.

同时,定义1中用加减、绝对值,大于小于这样的"算术"运算和符号,将"无限增大"、"无限接近"这些动态的、无限的极限过程静态化和有限化了.有限的词语揭开了"无限"的面纱,非常精确,彰显了数学的魅力.下面通过具体的例子,表现这种"魅力".

例1 验证数列 $\{x_n\} = \left\{1 + \dfrac{1}{n}\right\}$ 的极限是 1.

用上述定义验证如下:任给一个很小的正数 ε(比如 $\varepsilon = \dfrac{1}{10\,000}$),为了使

$$|x_n - 1| = \left|1 + \frac{1}{n} - 1\right| = \frac{1}{n} < \varepsilon = \frac{1}{10\,000},$$

只要把项数 N 取为 10 000,那么当 $n > 10\,000$ 时,上述不等式就成立了.

由于 ε 是任意给定的,再给小一点,比如 $\varepsilon = \dfrac{1}{10\,000\,000}$,那也没有问题,只要将 N 取成 10 000 000,当 $n > N$ 时,同样有不等式

$$\left|1 + \frac{1}{n} - 1\right| = \frac{1}{n} < \varepsilon = \frac{1}{10\,000\,000}$$

成立.

因此,无论给出多么小的正数 ε,只要取正整数 $N > \dfrac{1}{\varepsilon}$(总能取到!),当 $n > N$ 时,一定有不等式

$$\left|1 + \frac{1}{n} - 1\right| = \frac{1}{n} < \frac{1}{N} < \varepsilon$$

成立.

这就验证了数列 $\left\{1 + \dfrac{1}{n}\right\}$ 的极限是 1.

庄子《内篇·养生主》说"吾生也有涯,而知也无涯.以有涯随无涯,殆已".意思是人生是有限的,知识是无限的,如果什么都想知道,事事追求完美,那是很危险的.庄子这句话有些颓废,人的一生虽然不能穷尽所有知识,但是人的创造性思维,却能跨越无限,用可以操作的有限来表达无限.

极限的这一定义,是牛顿-莱布尼茨发现微积分后,经过很多数学家近 200 年的不断完善、总结得到的.正是其严格且简洁的数学化的表示,奠定了微积分发展的基础.

阅读 2

§3　数列极限的性质

有了一个数学概念之后,为了对这个概念有进一步的了解,就应该来讨论其性质.极限也是如此.

▲**性质 1(唯一性)**　若数列 $\{x_n\}$ 收敛,则其极限是唯一的.

这个性质告诉我们,无论用什么方法,只要方法正确并求出了极限,结果是一样的,不会因为方法不同产生不同的极限.

▲**性质 2(四则运算)**　如果 $\lim\limits_{n \to \infty} x_n = a$,$\lim\limits_{n \to \infty} y_n = b$,则有

(1) 加减法则:$\lim\limits_{n \to \infty}(x_n \pm y_n) = a \pm b = \lim\limits_{n \to \infty} x_n \pm \lim\limits_{n \to \infty} y_n$.

(2) 乘法法则:$\lim\limits_{n \to \infty}(x_n y_n) = ab = \lim\limits_{n \to \infty} x_n \cdot \lim\limits_{n \to \infty} y_n$.

(3) 除法法则:当 $b \neq 0$ 时,$\lim\limits_{n \to \infty} \dfrac{x_n}{y_n} = \dfrac{a}{b} = \dfrac{\lim\limits_{n \to \infty} x_n}{\lim\limits_{n \to \infty} y_n}$.

从乘法法则还可以得到:

(4) 如果 k 是常数,则 $\lim\limits_{n \to \infty} k x_n = k \lim\limits_{n \to \infty} x_n$.

(5) $\lim\limits_{n \to \infty}(x_n)^2 = \lim\limits_{n \to \infty}(x_n x_n) = a^2$.

四则运算使求极限的方法一下增加了很多.当然我们需要掌握一些基本的数列极限,并且要注意使用四则运算的条件,特别是除法运算时分母的极限不能为零.

▲**性质 3(有界性)**　如果数列 $\{x_n\}$ 收敛,则 $\{x_n\}$ 是有界数列.

这里的有界数列与第一章出现过的"有界函数"概念基本一样,即:如果存在一个正数 M,使得对一切正整数 n,都有 $|x_n| \leq M$,则称数列 $\{x_n\}$ 是**有界数列**.

注1 如果数列 $\{x_n\}$ 无界,它会有极限吗? 当然没有.所以这个性质有时用来判断数列发散(没有极限)还是有用的.

如数列 $\{(-1)^n n\}$,是无界数列,所以没有极限.当然也可以用定义去验证.

注2 从数列 $\{x_n\}$ 有界却不能得出 $\{x_n\}$ 收敛,所以有界只是数列收敛的必要条件.如数列 $\{(-1)^n\}$ 有界,但没有极限!

▲**性质4(保不等式性)** 设 $\lim\limits_{n \to \infty} x_n = a$,$\lim\limits_{n \to \infty} y_n = b$,且对所有的正整数 n,有 $x_n \geq y_n$,则 $a \geq b$.

也就是说,对应项大的数列,极限也大,这比较容易理解.于是根据四则运算,又有:如果 $x_n \geq 0$,且 $\lim\limits_{n \to \infty} x_n = a$,则 $a \geq 0$.更通俗的说法是,非负(非正)的数列,其极限也是非负(非正)的.如数列 $\left\{1, 0, \dfrac{1}{2}, 0, \dfrac{1}{3}, 0, \cdots\right\}$ 每一项都是非负,所以其极限不可能是负的(实际上是0).

▲**性质5(迫敛性)** 设数列 $\{x_n\}$ 和 $\{y_n\}$ 极限都是 a,若数列 $\{z_n\}$ 满足:存在 $N \in \mathbf{N}_+$,当 $n > N$ 时,有 $x_n \leq z_n \leq y_n$,则

$$\lim\limits_{n \to \infty} z_n = a.$$

性质的结论很容易理解,由于 x_n, y_n 随着 n 的增加而无限接近于 a,被夹在中间的 z_n 不无限接近于 a 还能到哪里去?

▲**性质6** 单调有界的数列一定有极限.

所谓数列 $\{x_n\}$ 单调,是**单调增加**和**单调减少**的总称,单调增加(减少)是指:数列的后一项总比前一项大(小),即对一切的正整数 n,有 $x_n \leq x_{n+1}$($x_n \geq x_{n+1}$).

这个性质用图2-2,更容易理解:数列 $\{x_n\}$ 是单调增加的,一项比一项大,但又不能超过 M,因此必定有极限 a,且 $a \leq M$.

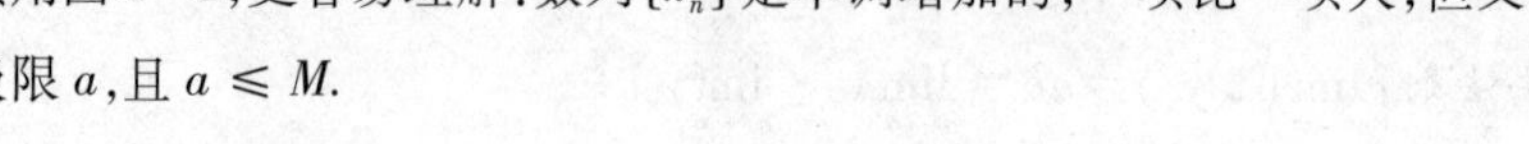

$$\begin{array}{ccccccccc} O & x_1 & & x_2 & & x_3 & x_n & a & M \end{array} \quad x$$

图 2-2

性质3说,有极限的数列一定是有界的,但是有极限的数列不一定是单调的,比如数列 $\left\{\dfrac{(-1)^{n-1}}{n}\right\}$.所以,单调有界只是数列收敛的充分条件,可以用来证明某些数列的收敛性.

例1 可以证明数列 $\left\{\left(1 + \dfrac{1}{n}\right)^n\right\}$ 是单调增加且有界的,其极限存在,我们用字母 e 表示它的极限,即:$\lim\limits_{n \to \infty}\left(1 + \dfrac{1}{n}\right)^n = \mathrm{e}$.

这是一个非常著名的极限,我们在中学时期就认识这个 e,是自然对数的底:$\ln x = \log_e x$.现在知道了,原来这个 e 不是随意想出来的.以后还会看到,这个 e 实在是自然界创造的,所以以 e 为底的对数要叫"自然对数".

例 2　计算 $\lim\limits_{n \to \infty}\left(\dfrac{1}{n^2} + \dfrac{2}{n}\right)$.

解　根据性质 2,以及 $\lim\limits_{n \to \infty}\dfrac{1}{n^2} = 0$, $\lim\limits_{n \to \infty}\dfrac{2}{n} = 2\lim\limits_{n \to \infty}\dfrac{1}{n} = 2 \times 0 = 0$,所以

$$\lim_{n \to \infty}\left(\frac{1}{n^2} + \frac{2}{n}\right) = \lim_{n \to \infty}\frac{1}{n^2} + \lim_{n \to \infty}\frac{2}{n} = 0 + 0 = 0.$$

例 3　计算 $\lim\limits_{n \to \infty}\dfrac{3^n + 2^n}{3^n}$.

解　因为 $\lim\limits_{n \to \infty}\dfrac{3^n + 2^n}{3^n} = \lim\limits_{n \to \infty}\left(1 + \dfrac{2^n}{3^n}\right) = \lim\limits_{n \to \infty}\left[1 + \left(\dfrac{2}{3}\right)^n\right]$,又因为当等比数列 $\{r^n\}$ 的公比 $|r| < 1$ 时,有 $\lim\limits_{n \to \infty}r^n = 0$,所以 $\lim\limits_{n \to \infty}\left(\dfrac{2}{3}\right)^n = 0$.

因此,$\lim\limits_{n \to \infty}\dfrac{3^n + 2^n}{3^n} = \lim\limits_{n \to \infty}\left[1 + \left(\dfrac{2}{3}\right)^n\right] = 1 + \lim\limits_{n \to \infty}\left(\dfrac{2}{3}\right)^n = 1$.

例 4　计算 $\lim\limits_{n \to \infty}\left(1 + \dfrac{1}{n}\right)^{2n}$.

解　$\lim\limits_{n \to \infty}\left(1 + \dfrac{1}{n}\right)^{2n} = \lim\limits_{n \to \infty}\left[\left(1 + \dfrac{1}{n}\right)^n\right]^2 = e^2$.

例 5　计算 $\lim\limits_{n \to \infty}\dfrac{2n^2 + 9n - 6}{3n^2 + 4}$.

解　当 $n \to \infty$ 时,分子、分母都趋于无穷大,都是没有极限的,所以不能直接用运算法则(性质 2).为了求出极限,首先要想办法使其能符合性质 2 的条件,为此先用 n^2 同除分子、分母,这样分子、分母就都有极限了,再用性质 2,得

$$\lim_{n \to \infty}\frac{2n^2 + 9n - 6}{3n^2 + 4} = \lim_{n \to \infty}\frac{2 + \dfrac{9}{n} - \dfrac{6}{n^2}}{3 + \dfrac{4}{n^2}} = \frac{\lim\limits_{n \to \infty}\left(2 + \dfrac{9}{n} - \dfrac{6}{n^2}\right)}{\lim\limits_{n \to \infty}\left(3 + \dfrac{4}{n^2}\right)}$$

$$= \frac{2 + \lim\limits_{n \to \infty}\dfrac{9}{n} - \lim\limits_{n \to \infty}\dfrac{6}{n^2}}{3 + \lim\limits_{n \to \infty}\dfrac{4}{n^2}} = \frac{2 + 0 - 0}{3 + 0} = \frac{2}{3}.$$

例 6 计算 $\lim\limits_{n\to\infty}\dfrac{n+\sin n}{2n-\cos^2 n}$.

解 与上例类似,分子分母同时趋于无穷大,因此用 n 同除分子分母,并注意,
$\lim\limits_{n\to\infty}\dfrac{\sin n}{n}=0$, $\lim\limits_{n\to\infty}\dfrac{\cos^2 n}{n}=0$. 所以

$$\lim_{n\to\infty}\frac{n+\sin n}{2n-\cos^2 n}=\lim_{n\to\infty}\frac{1+\dfrac{\sin n}{n}}{2-\dfrac{\cos^2 n}{n}}=\frac{1}{2}.$$

例 7 计算 $\lim\limits_{n\to\infty}\sqrt{n}\left(\sqrt{n+3}-\sqrt{n-1}\right)$.

解 由于乘积中有一项趋于无穷大,也不能直接使用运算法则,故用 $\sqrt{n+3}+\sqrt{n-1}$ 同乘分子分母,使其能用运算法则.

$$\lim_{n\to\infty}\sqrt{n}\left(\sqrt{n+3}-\sqrt{n-1}\right)=\lim_{n\to\infty}\frac{\sqrt{n}\left(\sqrt{n+3}-\sqrt{n-1}\right)\left(\sqrt{n+3}+\sqrt{n-1}\right)}{\sqrt{n+3}+\sqrt{n-1}}$$

$$=\lim_{n\to\infty}\frac{\sqrt{n}\left[n+3-(n-1)\right]}{\sqrt{n+3}+\sqrt{n-1}}=\lim_{n\to\infty}\frac{4\sqrt{n}}{\sqrt{n+3}+\sqrt{n-1}}$$

$$=\lim_{n\to\infty}\frac{4}{\sqrt{1+\dfrac{3}{n}}+\sqrt{1-\dfrac{1}{n}}}=2.$$

例 8 计算 $\lim\limits_{n\to\infty}\left(\dfrac{1}{\sqrt{n^2+1}}+\dfrac{1}{\sqrt{n^2+2}}+\cdots+\dfrac{1}{\sqrt{n^2+n}}\right)$.

解 设 $z_n=\dfrac{1}{\sqrt{n^2+1}}+\dfrac{1}{\sqrt{n^2+2}}+\cdots+\dfrac{1}{\sqrt{n^2+n}}$, 则有

$$x_n=\frac{n}{\sqrt{n^2+n}}=\frac{1}{\sqrt{n^2+n}}+\frac{1}{\sqrt{n^2+n}}+\cdots+\frac{1}{\sqrt{n^2+n}}\leqslant z_n$$

$$\leqslant\frac{1}{\sqrt{n^2+1}}+\frac{1}{\sqrt{n^2+1}}+\cdots+\frac{1}{\sqrt{n^2+1}}=\frac{n}{\sqrt{n^2+1}}=y_n.$$

容易看到 $\lim\limits_{n\to\infty}x_n=\lim\limits_{n\to\infty}y_n=1$, 根据性质 5, 得

$$\lim_{n\to\infty}\left(\frac{1}{\sqrt{n^2+1}}+\frac{1}{\sqrt{n^2+2}}+\cdots+\frac{1}{\sqrt{n^2+n}}\right)=1.$$

例 9 证明数列 $\sqrt{2}$, $\sqrt{2+\sqrt{2}}$, $\cdots$, $\underbrace{\sqrt{2+\sqrt{2+\cdots+\sqrt{2}}}}_{n\text{个根号}}$, $\cdots$ 有极限,并求这个

极限.

解　数列的通项是 $x_n = \underbrace{\sqrt{2 + \sqrt{2 + \cdots + \sqrt{2}}}}_{n\text{个根号}}$，明显有 $x_n > 0$. 下面说明数列 $\{x_n\}$ 是单调增加，且有界.

对任意正整数 n，$x_{n+1} = \underbrace{\sqrt{2 + \sqrt{2 + \cdots + \sqrt{2 + \sqrt{2}}}}}_{n+1\text{个根号}}$ 有 $n + 1$ 个根号，比 $x_n = \underbrace{\sqrt{2 + \sqrt{2 + \cdots + \sqrt{2}}}}_{n\text{个根号}}$ 多加了一项，显然有

$$x_{n+1} = \underbrace{\sqrt{2 + \sqrt{2 + \cdots + \sqrt{2 + \sqrt{2}}}}}_{n+1\text{个根号}} > \underbrace{\sqrt{2 + \sqrt{2 + \cdots + \sqrt{2}}}}_{n\text{个根号}} = x_n,$$

所以数列是单调增加的. 又由于 $x_1 = \sqrt{2} < 2$，设 $x_k < 2$，则 $x_{k+1} = \sqrt{2 + x_k} < \sqrt{2 + 2} = 2$，根据数学归纳法知，对一切正整数 n，有 $x_n < 2$，同时又有 $x_n > 0$，即数列 $\{x_n\}$ 又是有界的. 依据性质 6，数列 $\{x_n\}$ 有极限，设 $\lim\limits_{n\to\infty} x_n = a$. 下面想方法求出这个极限.

对 $x_{n+1} = \sqrt{2 + x_n}$ 两边平方，得 $x_{n+1}^2 = 2 + x_n$. 对上式两边同时取极限，等式依旧成立，并注意 $\{x_{n+1}\}$ 的极限也是 a，即 $\lim\limits_{n\to\infty} x_{n+1} = a$，因此得到 $a^2 = 2 + a$. 这是一元二次方程，容易解得 $a = 2$ 或者 $a = -1$. 由于 $x_n > 0$，故其极限 $a \geq 0$（性质 4），所以 $\lim\limits_{n\to\infty} x_n = 2$.

§4　函数极限与函数连续性

微积分是用极限方法研究函数的性质. 这一节讨论函数的极限和连续性，看看数学是如何表达连绵不断的"连续性".

一、函数极限

数列可以看成是一种特殊的函数，所以函数极限与数列极限有相似之处，但又有不同，主要是因为函数的自变量是连续变化的. 因此，函数除了有 $x \to \infty$ 时的极限，还有 x 趋向于一个有限值 x_0 的极限. $x \to \infty$ 时的极限与数列极限没有本质的区别，所以下面我们重点讨论 $x \to x_0$ 时函数的极限问题. 为了对这类函数极限有一个感性认识，先看下面两个例子.

例 1　函数 $f(x) = x + 1$，考察该函数当自变量 x 趋于 1 时，函数值的变化趋势. 我们可以看到，当 x 越来越接近 1 时，函数 $f(x)$ 的值就越来越接近 2（见表 2.1），而 2 恰好是 $f(x)$ 在 $x = 1$ 的函数值：$f(1) = 2$.

表 2.1

x	0.9	0.95	0.99	0.999	1	1.001	1.01	1.05	1.1
$f(x) = x + 1$	1.9	1.95	1.99	1.999	2	2.001	2.01	2.05	2.1

所以, 当 $x \to 1$ 时, $f(x)$ 的极限为 $f(1) = 2$, 记为 $\lim\limits_{x \to 1}(x + 1) = 2$.

例 2 函数 $g(x) = \dfrac{x^2 - 1}{x - 1}$, 同样考察该函数当自变量 x 趋于 1 时的极限. 这个函数与例

1 中函数不同之处在于定义域不一样, 即 $g(x) = \dfrac{x^2 - 1}{x - 1}$ 在 $x = 1$ 处没有定义, 当 $x \neq 1$ 时, $g(x) =$

$\dfrac{x^2 - 1}{x - 1} = \dfrac{(x - 1)(x + 1)}{x - 1} = x + 1$, 与上例中的函数 $f(x) = x + 1$ 完全一致. 所以当 x 越来越接近

1 时, 尽管函数 $g(x)$ 在 $x = 1$ 处没有定义, 但是并不妨碍其函数值越来越接近 2, 如表 2.2.

表 2.2

x	0.9	0.95	0.99	0.999	1	1.001	1.01	1.05	1.1
$g(x) = \dfrac{x^2 - 1}{x - 1}$	1.9	1.95	1.99	1.999	无定义	2.001	2.01	2.05	2.1

因此 $\lim\limits_{x \to 1} \dfrac{x^2 - 1}{x - 1} = 2$.

函数 $f(x)$ 和 $g(x)$ 的图形如图 2-3 所示.

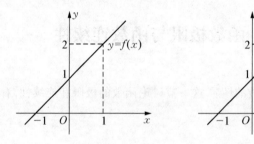

图 2-3

上面两个例子告诉我们, 在考察函数 $f(x)$ 当 $x \to x_0$ 的极限时, 我们关心的是函数 $f(x)$ 的变化趋势, 与 $f(x)$ 在 x_0 是否有定义没有关系.

问题是, 我们为什么要讨论函数在有限值 x_0 处是否有极限? 除了逻辑上的原因, 还有其他原因吗?

对上面问题作进一步的讨论. 考察位移函数 $s(x) = x^2$ 从时刻 x_0 到时刻 x 的平均速度. 根据物理学知识, 平均速度为

$$v = \dfrac{x^2 - x_0^2}{x - x_0}.$$

当 $x \neq x_0$ 时, $v = \dfrac{x^2 - x_0^2}{x - x_0} = x + x_0$, 与例 2 中的函数 $f(x) = x + 1$ 基本一样, 所以当 x 无限接近 x_0 时, v 的值就无限接近 $2x_0$.

从直观上可以知道, 当 x 无限接近 x_0 时, 平均速度 v 的值就无限接近位移函数 $s(x) = x^2$ 在 x_0 处的瞬时速度. 因此在时刻 x_0 的瞬时速度为

$$\lim_{x \to x_0} \frac{x^2 - x_0^2}{x - x_0} = 2x_0.$$

所以求 x 趋向于一个有限值 x_0 的极限是有实际意义的.

另外从图 2 - 3 还可以看出, 自变量 $x \to x_0$ 的方式, 可以以任何方式从两边同时靠近 x_0, 也可以从小于 x_0, 或大于 x_0 的方向靠近 x_0. 后两种方式分别称为函数在 x_0 处的左右极限.

▲**定义 1**　设函数在 x_0 的一个去心邻域上有定义, 如果当自变量 x 无限接近 x_0 时, 函数 $f(x)$ 的值无限接近某个确定的常数 A, 则称当自变量 x 趋于 x_0 时, 函数 $f(x)$ 有极限 A, 或称 A 是函数 $f(x)$ 当 x 趋于 x_0 时的极限, 记为

$$\lim_{x \to x_0} f(x) = A, \text{或} f(x) \to A (x \to x_0).$$

如果当自变量 $x > x_0$, 且无限接近 x_0 时, 函数 $f(x)$ 的值无限接近某个确定的常数 A, 则称当自变量 x 趋于 x_0^+ 时, 函数 $f(x)$ **有右极限** A, 或称 A 是函数 $f(x)$ 当 x 趋于 x_0 时的右极限, 记为

$$\lim_{x \to x_0^+} f(x) = A, \text{或} f(x) \to A (x \to x_0^+).$$

同样地, 左极限的定义为: 如果当自变量 $x < x_0$, 且无限接近 x_0 时, 函数 $f(x)$ 的值无限接近某个确定的常数 A, 则称当自变量 x 趋于 x_0^- 时, 函数 $f(x)$ 有**左极限** A, 或称 A 是函数 $f(x)$ 当 x 趋于 x_0 时的左极限, 记为

$$\lim_{x \to x_0^-} f(x) = A, \text{或} f(x) \to A (x \to x_0^-).$$

左右极限与极限之间有下面的关系.

▲**定理 1**　$\lim\limits_{x \to x_0} f(x) = A$ 的充分必要条件是 $\lim\limits_{x \to x_0^-} f(x) = \lim\limits_{x \to x_0^+} f(x) = A$.

对于 $x \to \infty$ 时的极限也有类似的定理:

▲**定理 1′**　$\lim\limits_{x \to \infty} f(x) = A$ 的充分必要条件是 $\lim\limits_{x \to -\infty} f(x) = \lim\limits_{x \to +\infty} f(x) = A$.

除此之外, 函数极限也有与数列极限类似的性质, 如极限的唯一性、四则运算性质等. 四则运算给求函数极限带来很多方便, 叙述如下:

设 $\lim\limits_{x \to x_0} f(x) = A$, $\lim\limits_{x \to x_0} g(x) = B$, 则有

(1) $\lim\limits_{x \to x_0}[f(x) \pm g(x)] = \lim\limits_{x \to x_0}f(x) \pm \lim\limits_{x \to x_0}g(x) = A \pm B$;

(2) $\lim\limits_{x \to x_0}[f(x)g(x)] = \lim\limits_{x \to x_0}f(x) \cdot \lim\limits_{x \to x_0}g(x) = AB$;

(3) 当 $B \neq 0$ 时,$\lim\limits_{x \to x_0}\dfrac{f(x)}{g(x)} = \dfrac{\lim\limits_{x \to x_0}f(x)}{\lim\limits_{x \to x_0}g(x)} = \dfrac{A}{B}$;

(4) 对于任何常数 c,任何正整数 k,有

$$\lim_{x \to x_0}[c \cdot f(x)] = c \cdot \lim_{x \to x_0}f(x);$$

$$\lim_{x \to x_0}[f(x)]^k = [\lim_{x \to x_0}f(x)]^k.$$

上述法则对其他类型的极限也一样成立.

下面根据定义 1 看几个例子,加深对函数极限的理解.

例 3 设函数 $f(x) = \sin x$,当 $x \to \dfrac{\pi}{4}$ 时, $\sin x \to \dfrac{\sqrt{2}}{2}$,即 $\lim\limits_{x \to \frac{\pi}{4}}\sin x = \dfrac{\sqrt{2}}{2}$.

例 4 设 $f(x) = \begin{cases} e^x, & x \leqslant 0, \\ x^2, & x > 0, \end{cases}$ 则当 $x \to 0^+$ 时, $\lim\limits_{x \to 0^+}f(x) = \lim\limits_{x \to 0^+}x^2 = 0$;当 $x \to 0^-$ 时,

$\lim\limits_{x \to 0^-}f(x) = \lim\limits_{x \to 0^-}e^x = 1$.即

$$1 = \lim_{x \to 0^-}f(x) \neq \lim_{x \to 0^+}f(x) = 0.$$

因此根据定理 1,当 $x \to 0$ 时,函数 $f(x)$ 没有极限.

例 5 对于幂函数 $y = x^{\alpha}(\alpha$ 是实数),有 $\lim\limits_{x \to x_0}x^{\alpha} = x_0^{\alpha}$.

例 6 求函数 $f(x) = e^x \cos x + \ln(1 + x)$ 当 $x \to 0$ 时的极限.

解 因为 $\lim\limits_{x \to 0}e^x = 1$, $\lim\limits_{x \to 0}\cos x = 1$, $\lim\limits_{x \to 0}\ln(1 + x) = \ln 1 = 0$,所以根据极限四则运算性质,有

$$\lim_{x \to 0}[e^x \cos x + \ln(1 + x)] = 1 \cdot 1 + 0 = 1.$$

例 7 计算 $\lim\limits_{x \to \infty}\dfrac{x^2 - x + 1}{2x^2 + x}$.

解 这个极限的分子分母都趋于无穷大,不能直接用四则运算法则,因此先用 x^2 同除分子、分母,使得分子分母均有极限,然后再用运算法则.于是

$$\lim_{x \to \infty}\frac{x^2 - x + 1}{2x^2 + x} = \lim_{x \to \infty}\frac{1 - \dfrac{1}{x} + \dfrac{1}{x^2}}{2 + \dfrac{1}{x}} = \frac{\lim\limits_{x \to \infty}\left(1 - \dfrac{1}{x} + \dfrac{1}{x^2}\right)}{\lim\limits_{x \to \infty}\left(2 + \dfrac{1}{x}\right)} = \frac{1}{2}.$$

例8　计算 $\lim\limits_{x\to 1}\left(\dfrac{1}{x-1}-\dfrac{2}{x^2-1}\right)$.

解　由于 $\lim\limits_{x\to 1}\dfrac{1}{x-1}$ 与 $\lim\limits_{x\to 1}\dfrac{2}{x^2-1}$ 均不存在,因此不能直接用运算法则,为了能使用运算法则,先对函数作一些代数变换.

当 $x\neq 1$ 时,有

$$\frac{1}{x-1}-\frac{2}{x^2-1}=\frac{x+1-2}{(x-1)(x+1)}=\frac{1}{x+1}.$$

于是 $\lim\limits_{x\to 1}\left(\dfrac{1}{x-1}-\dfrac{2}{x^2-1}\right)=\lim\limits_{x\to 1}\dfrac{1}{x+1}=\dfrac{1}{2}$.

例9　计算 $\lim\limits_{x\to +\infty}(\sqrt{x^2+1}-x)$.

解　这也不能直接用运算法则,通过代数变换使之能使用运算法则.计算如下

$$\lim_{x\to +\infty}(\sqrt{x^2+1}-x)=\lim_{x\to +\infty}\frac{(\sqrt{x^2+1}-x)(\sqrt{x^2+1}+x)}{\sqrt{x^2+1}+x}$$

$$=\lim_{x\to +\infty}\frac{1}{\sqrt{x^2+1}+x}=\lim_{x\to +\infty}\frac{\dfrac{1}{x}}{\sqrt{1+\dfrac{1}{x^2}}+1}=0.$$

例10　重要极限 $\lim\limits_{x\to 0}\dfrac{\sin x}{x}=1$.

这是一个分式的极限,当 $x\to 0$ 时,分子、分母都趋于 0,因此不能用极限的四则运算来求这个极限(因为 0 除以 0 是没有意义的),但是我们可以通过实验的方法(因为证明繁琐,这里就不作证明,有兴趣的读者可参见书后所列的参考文献5).

利用函数计算器计算可知:当 x 越来越接近 0 时,$\dfrac{\sin x}{x}$ 的值无限接近 1(注意这里的 x 是弧度),即

$$\lim_{x\to 0}\frac{\sin x}{x}=1.$$

有了这个极限,就可以求一些相关的极限了.如

$$\lim_{x\to 0}\frac{\sin 2x}{x}=\lim_{x\to 0}2\frac{\sin 2x}{2x}=2\lim_{x\to 0}\frac{\sin 2x}{2x}=2\times 1=2.$$

$$\lim_{x\to 0}\frac{\tan x}{x}=\lim_{x\to 0}\frac{\sin x}{x\cos x}=\lim_{x\to 0}\frac{\sin x}{x}\cdot\frac{1}{\cos x}$$

$$= \lim_{x \to 0} \frac{\sin x}{x} \lim_{x \to 0} \frac{1}{\cos x} = 1 \times 1 = 1.$$

$$\lim_{x \to 0} \frac{\sin 5x}{\sin 2x} = \frac{5}{2} \lim_{x \to 0} \frac{\frac{\sin 5x}{5x}}{\frac{\sin 2x}{2x}} = \frac{5}{2} \cdot \frac{\lim_{x \to 0} \frac{\sin 5x}{5x}}{\lim_{x \to 0} \frac{\sin 2x}{2x}} = \frac{5}{2}.$$

例 11 重要极限 $\lim_{x \to \infty} \left(1 + \frac{1}{x}\right)^x = e.$

$n \to \infty$ 是 n 间断地朝正的方向趋向无穷大,这里 x 是实数,因此 x 可以连续地朝正和负两个方向远离坐标原点而趋于无穷大.但是极限都是 e.同样可以利用这个极限做一些计算.如

$$\lim_{x \to \infty} \left(1 + \frac{1}{x}\right)^{2x} = \lim_{x \to \infty} \left[\left(1 + \frac{1}{x}\right)^x\right]^2 = \lim_{x \to \infty} \left(1 + \frac{1}{x}\right)^x \cdot \lim_{x \to \infty} \left(1 + \frac{1}{x}\right)^x = e^2.$$

重要极限 $\lim_{x \to \infty} \left(1 + \frac{1}{x}\right)^x = e$ 还可以变形为 $\lim_{x \to 0}(1 + x)^{\frac{1}{x}} = e.$

例 12 计算 $\lim_{x \to 0}(1 + 2x)^{\frac{1}{x}}.$

解 $\lim_{x \to 0}(1 + 2x)^{\frac{1}{x}} = \lim_{x \to 0}\left[(1 + 2x)^{\frac{1}{2x}}\right]^2 = \lim_{u = 2x \to 0}\left[(1 + u)^{\frac{1}{u}}\right]^2 = e^2.$

最后,我们给出函数极限的数学化定义,看看怎么用数学语言将极限这种无限动态过程用静态的方法加以描述.

▲定义 2 设函数 $f(x)$ 在 x_0 的去心邻域 $U^0(x_0; h)$ 上有定义,A 是一个确定的实数.如果对任意给定的正数 ε(无论多么小),总存在实数 $\delta > 0(\delta < h)$,使得当 $0 < |x - x_0| < \delta$ 时,总有 $|f(x) - A| < \varepsilon$ 成立,则称函数 $f(x)$ 当 x 趋于 x_0 时有极限 A,记为 $\lim_{x \to x_0} f(x) = A.$

二、无穷小量

在所有极限过程中,极限为 0 的变量有着非常特殊的地位.

我们称极限为零的变量(函数)$f(x)$ 为**无穷小量**.即如果 $x \to x_0$(或 $x \to x_0^-$, $x \to x_0^+$, $x \to \infty$, $x \to +\infty$, $x \to -\infty$)时,$f(x) \to 0$,就称 $f(x)$ 为 $x \to x_0$(或 $x \to x_0^-$, $x \to x_0^+$, $x \to \infty$, $x \to +\infty$, $x \to -\infty$)时的无穷小量.

下面是几个无穷小量的例子.

因为 $\lim_{x \to 0}\sin x = 0$,所以当 $x \to 0$ 时,$\sin x$ 是无穷小量;而 $\lim_{x \to 1}\sin x = \sin 1 \neq 0$,所以当 $x \to 1$ 时,$\sin x$ 不再是无穷小量.又如 $y = \frac{1}{\sqrt{x}}$,当 $x \to +\infty$ 是无穷小,而当 $x \to 1$ 时,就不是无穷小了.特别地,x 是 $x \to 0$ 时的无穷小量.

可见,是否是无穷小量不仅与变量(函数)本身有关,还与自变量的变化过程有关.

还有,无穷小量是一个变量的变化过程,不能与很小的常数混为一谈.根据无穷小量定义,常数中只有零才是无穷小量.无穷小量是极限的一种,所以比照极限运算法则,首先有

▲**性质 1** 有限个无穷小量代数和仍是无穷小量.

▲**性质 2** 有限个无穷小量的乘积仍是无穷小量.

正是由于无穷小量是极限为零的变量,于是就得到了一个非常有用的运算性质:

▲**性质 3** 无穷小量与有界(变)量的乘积仍是无穷小量.

问题:无穷小量有除法运算法则吗? 为什么?

例 13 计算下列极限:

$(1)\ \lim\limits_{x \to +\infty}\left(\dfrac{1}{x^2}+e^{-x}\right);$ $\qquad (2)\ \lim\limits_{x \to 0}\left(x\sin\dfrac{1}{x}\right).$

解 (1) 因为 $\lim\limits_{x \to +\infty}\dfrac{1}{x^3}=0,\ \lim\limits_{x \to +\infty}e^{-x}=\lim\limits_{x \to +\infty}\dfrac{1}{e^x}=0,$ 所以

$$\lim\limits_{x \to +\infty}\left(\dfrac{1}{x^2}+e^{-x}\right)=0.$$

(2) 因为 $\lim\limits_{x \to 0}x=0,$ 而 $\sin\dfrac{1}{x}$ 在邻域 $U^0(0;1)$ 中有界,根据 §3 性质 3,有

$$\lim\limits_{x \to 0}\left(x\sin\dfrac{1}{x}\right)=0.$$

问题:当 $k>0$ 时,极限 $\lim\limits_{x \to 0^+}\left(x^k\sin\dfrac{1}{x}\right),\ \lim\limits_{x \to 0^+}\left(x^k\cos\dfrac{1}{x}\right)$ 是否存在? 存在的话,请分别求出这两个极限.

无穷小量与极限之间有下列关系:

▲**定理 2** $\lim\limits_{x \to x_0}f(x)=A$ 的充分必要条件是存在 $x \to x_0$ 时的无穷小 $\alpha(x)$ 使得

$$f(x)=A+\alpha(x).$$

三、等价无穷小量和高阶无穷小量

我们知道,当 $x \to 0$ 时,$x,\ \sin 2x,\ \sqrt[3]{x},\ x^2$ 都是无穷小量,但却有

$$\lim\limits_{x \to 0}\dfrac{\sin 2x}{x}=2,\ \lim\limits_{x \to 0}\dfrac{x^2}{x}=0,\ \lim\limits_{x \to 0}\dfrac{\sqrt[3]{x}}{x}=\infty.$$

由此可知,虽然它们都是无穷小量,但是趋于 0 的速度还是有快有慢,甚至相差很大,也就是

说无穷小量是有不同量级的.

▲ **定义 3** 设 $\lim\limits_{x \to x_0} \alpha(x) = 0$，$\lim\limits_{x \to x_0} \beta(x) = 0$（对其他极限过程可类似定义）.

(1) 如果 $\lim\limits_{x \to x_0} \dfrac{\alpha(x)}{\beta(x)} = 0$，则称当 $x \to x_0$ 时，$\alpha(x)$ 是比 $\beta(x)$ 高阶的无穷小量，记作 $\alpha(x) = o(\beta(x))(x \to x_0)$；

(2) 如果 $\lim\limits_{x \to x_0} \dfrac{\alpha(x)}{\beta(x)} = l \ne 0$，则称当 $x \to x_0$ 时，$\alpha(x)$ 是与 $\beta(x)$ 同阶的无穷小量；特别当 $l = 1$ 时，称当 $x \to x_0$ 时，$\alpha(x)$ 是与 $\beta(x)$ 等价的无穷小量，记作 $\alpha(x) \sim \beta(x)(x \to x_0)$.

根据前面的例子，可得下面等价无穷小量：

$$x \sim \sin x (x \to 0), \quad x \sim \tan x (x \to 0).$$

下面证明：当 $x \to 0$ 时，$1 - \cos x \sim \dfrac{1}{2} x^2$.

例 14 因为 $\lim\limits_{x \to 0} \dfrac{1 - \cos x}{x^2} = \lim\limits_{x \to 0} \dfrac{2 \sin^2 \dfrac{x}{2}}{x^2} = \dfrac{1}{2} \lim\limits_{x \to 0} \dfrac{\left(\sin \dfrac{x}{2}\right)^2}{\left(\dfrac{x}{2}\right)^2}$

$$= \dfrac{1}{2} \lim\limits_{x \to 0} \left(\dfrac{\sin \dfrac{x}{2}}{\dfrac{x}{2}}\right)^2 = \dfrac{1}{2},$$

所以当 $x \to 0$ 时，$1 - \cos x \sim \dfrac{1}{2} x^2$.

四、函数连续性

从本节的例 1 和例 2 看出，尽管两个函数当 $x \to 1$ 时的极限是一样的，但是还是有区别，在例 1 中 $\lim\limits_{x \to 1} f(x) = 2 = f(1)$，例 2 中的 $g(x)$ 就没有这样的性质，因为 $g(x)$ 在 $x = 1$ 处没有定义. 从图 2-3 也可以看出它们之间的区别，$y = f(x)$ 的图形是一条连续的直线，而 $y = g(x)$ 却少了一点，在 $x = 1$ 处"间断"了. 这是从几何直观上对函数"连续性"的考察.

可是，连续和间断的确切含义是什么？能从数量上加以描述吗？为了便于理解连续，还是先看两个不连续的例子.

例 15 设函数 $f(x) = \begin{cases} x - 1, & x < 0, \\ 0, & x = 0, \\ x + 1, & x > 0, \end{cases}$ 如图 2-4 所示. 从函数 $f(x)$ 的图形（图 2-4）看

出，函数图形是由两段曲线拼接而成的，当 x 从小于 0 和大于 0 分别趋于 0 时，$f(x)$ 的左极限

和右极限不同,并且都不等于 $f(0) = 0$. 函数 $f(x)$ 的图形在 $x = 0$ 处发生了断裂(有一个跳跃).

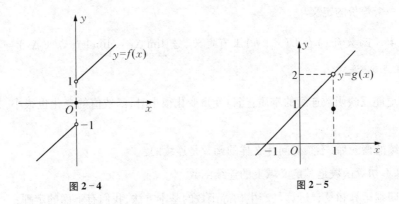

图 2-4   图 2-5

例 16 由例 2 中函数 $g(x)$ 构造一个函数: $\tilde{g}(x) = \begin{cases} \dfrac{x^2 - 1}{x - 1}, & x \neq 1, \\ 1, & x = 1, \end{cases}$ 这样函数 $\tilde{g}(x)$ 就在 $x = 1$ 处有定义了,尽管这时有 $\lim\limits_{x \to 1} \tilde{g}(x) = 2$(图 2-5),并且 $\tilde{g}(x)$ 在 $x = 1$ 处也有定义,但是 $\lim\limits_{x \to 1} \tilde{g}(x) = 2 \neq \tilde{g}(1)$,函数 $\tilde{g}(x)$ 的图形在 $x = 1$ 处也是间断的.

一般地说,凡是在一点处,如果函数值在自变量趋向该点时没有极限,或者有极限,其值却不等于该点的函数值,那就是不连续了.

现在我们可以正面描述函数的连续性了:函数 $f(x)$ 在点 a 处连续,是指当 $x \to a$ 时,$f(x)$ 有极限并且恰好是 $f(a)$. 即

▲定义 4 函数 $f(x)$ 在点 x_0 的一个邻域 $U(x_0; h)$ 上有定义,如果当 $x \to x_0$ 时,$f(x)$ 的极限存在并且等于该点的函数值 $f(x_0)$,即 $\lim\limits_{x \to x_0} f(x) = f(x_0)$,则称 $f(x)$ 在点 x_0 连续.

如果函数 $f(x)$ 在点 x_0 不连续,则称 x_0 是 $f(x)$ 的一个间断点.

设函数 $f(x)$ 在区间 $[x_0, x_0 + h)$(或 $(x_0 - h, x_0]$)上有定义,如果

$$\lim_{x \to x_0^+} f(x) = f(x_0) \ (\text{或} \lim_{x \to x_0^-} f(x) = f(x_0)),$$

则称函数 $f(x)$ 在点 x_0 **右连续**(或**左连续**).

根据极限与左、右极限的关系,有

▲ 定理 3 函数 $f(x)$ 在点 x_0 连续的充分必要条件是:函数 $f(x)$ 在点 x_0 左、右连续.

如果函数 $f(x)$ 在开区间 (a, b) 的每一点都连续,则称 $f(x)$ 在 (a, b) 上连续,或称 $f(x)$ 是 (a, b) 上的**连续函数**. 如果 $f(x)$ 在闭区间 $[a, b]$ 中间的每一点都连续,在左端点 a 右连续,在右端点 b 左连续,则称 $f(x)$ 在闭区间 $[a, b]$ 上连续,或称 $f(x)$ 是 $[a, b]$ 上的**连续函数**.

如果函数在其定义域的每一点都是连续的,我们就称这个函数为**连续函数**.

设 $\Delta x = x - x_0$，$\Delta y = f(x_0 + \Delta x) - f(x_0)$（分别称为自变量的增量和函数的增量），则 $x \to x_0$ 与 $\Delta x \to 0$ 等价，$\lim\limits_{x \to x_0} f(x) = f(x_0)$ 与 $\lim\limits_{\Delta x \to 0} \Delta y = \lim\limits_{\Delta x \to 0} [f(x_0 + \Delta x) - f(x_0)] = 0$ 等价，这样函数 $f(x)$ 在点 x_0 连续又有了一个等价的定义.

▲**定义 4′**　函数 $f(x)$ 在 $U(x_0; h)$ 上有定义，若 $\lim\limits_{\Delta x \to 0} \Delta y = \lim\limits_{\Delta x \to 0} [f(x_0 + \Delta x) - f(x_0)] = 0$，则称 $f(x)$ 在点 x_0 连续.

定义 4′ 更能反映函数连续的本质：当自变量变化很小时，函数值的变化也很小，并且随 $\Delta x \to 0$ 而趋于 0.

有了连续的概念后，不禁要问什么样的函数是连续的？

首先，基本初等函数是其定义域上的连续函数.

函数的四则运算和复合运算是产生初等函数的基本方法，我们有下面的定理：

▲**定理 4**　设函数 $f(x), g(x)$ 都在点 x_0 连续，则

$$f(x) \pm g(x), \ f(x)g(x) \ \text{和} \ \frac{f(x)}{g(x)} (g(x_0) \neq 0)$$

在点 x_0 处也连续.

▲**定理 5**　设函数 $u = g(x)$ 在点 x_0 处有极限 $\lim\limits_{x \to x_0} g(x) = u_0$，函数 $y = f(u)$ 在点 $u = u_0$ 连续，则复合函数 $y = f[g(x)]$ 在点 x_0 处极限存在，且为

$$\lim_{x \to x_0} f[g(x)] = f(u_0).$$

上面的极限式可以理解为：连续的本质就是极限运算与函数运算可以交换次序，即

$$\lim_{x \to x_0} f[g(x)] = f\left[\lim_{x \to x_0} g(x)\right] = f(u_0).$$

特别当 $u = g(x)$ 在点 x_0 连续时，复合函数 $y = f[g(x)]$ 在点 x_0 也连续，且 $\lim\limits_{x \to x_0} f[g(x)] = f\left[\lim\limits_{x \to x_0} g(x)\right] = f[g(x_0)]$.

这样我们就得到了：初等函数在其有定义的区间上是连续的.

例 17　计算 $\lim\limits_{x \to 1} \dfrac{e^x + x^2 - 1}{x \ln(1 + x)}$.

解　由于 $f(x) = \dfrac{e^x + x^2 - 1}{x \ln(1 + x)}$ 是初等函数，并且当 $x = 1$ 时，分母不等于 0，所以 $f(x)$ 在 $x = 1$ 处连续，因此

$$\lim_{x \to 1} \frac{e^x + x^2 - 1}{x \ln(1 + x)} = \frac{e^1 + 1^2 - 1}{1 \cdot \ln(1 + 1)} = \frac{e}{\ln 2}.$$

例 18　由于多项式 $P(x) = a_0 x^n + a_1 x^{n-1} + \cdots + a_n$ 是初等函数，所以在其定义域

$(-\infty, +\infty)$ 上任一点 x_0 连续,即

$$\lim_{x \to x_0} P(x) = \lim_{x \to x_0} (a_0 x^n + a_1 x^{n-1} + \cdots + a_n) = P(x_0).$$

例 19　同样对于有理函数 $R(x) = \dfrac{P(x)}{Q(x)}$(其中 $P(x)$, $Q(x)$ 是多项式),在任何使 $Q(x_0) \neq 0$ 的实数 x_0 处连续,所以 $\lim\limits_{x \to x_0} R(x) = R(x_0)$.

例 20　计算 $\lim\limits_{x \to +\infty} \cos\left(1 + \dfrac{1}{x}\right)^x$.

解　函数 $y = \cos u$ 是处处连续的,所以

$$\lim_{x \to +\infty} \cos\left(1 + \frac{1}{x}\right)^x = \cos\left[\lim_{x \to +\infty}\left(1 + \frac{1}{x}\right)^x\right] = \cos \mathrm{e}.$$

例 21　计算 $\lim\limits_{x \to 0} \dfrac{\ln(1 + x)}{x}$.

解　函数 $\ln x$ 在 $(0, +\infty)$ 上是连续的,所以

$$\lim_{x \to 0} \frac{\ln(1 + x)}{x} = \lim_{x \to 0} \frac{1}{x} \ln(1 + x) = \lim_{x \to 0} \ln(1 + x)^{\frac{1}{x}}$$

$$= \ln\left[\lim_{x \to 0}(1 + x)^{\frac{1}{x}}\right] = \ln \mathrm{e} = 1.$$

由此可得,当 $x \to 0$ 时,$\ln(1 + x)$ 与 x 是等价的无穷小量,即 $\ln(1 + x) \sim x (x \to 0)$.

例 22　接第一章 §2 的例 1,继续讨论利率.

由例 1 知,当采用复利计息法,并且每年不是计息一次,而是计息 t 次的话,则 n 年后一元本金的本利和为

$$A_n = \left(1 + \frac{r}{t}\right)^{nt}.$$

当 $t \to \infty$ 时(即每年的计息次数越来越多,且趋于无穷大,其意义是每个瞬时利息都是"立即产生立即结算"),就得到了**连续复利公式**

$$A = \lim_{t \to \infty}\left(1 + \frac{r}{t}\right)^{nt} = \lim_{t \to \infty}\left[\left(1 + \frac{r}{t}\right)^{\frac{t}{r}}\right]^{nr}.$$

为求这个极限,令 $\dfrac{r}{t} = \dfrac{1}{m}$,则 $t = mr$,并且当 $t \to \infty$ 时,$m \to \infty$.因为 $y = x^{nr}$ 是连续函数,于是上面的极限变为

$$A = \lim_{t \to \infty} \left[\left(1 + \frac{r}{t} \right)^{\frac{t}{r}} \right]^{nr} = \lim_{m \to \infty} \left[\left(1 + \frac{1}{m} \right)^{m} \right]^{nr} = \left[\lim_{m \to \infty} \left(1 + \frac{1}{m} \right)^{m} \right]^{nr} = e^{nr},$$

这就是**连续复利**的计算公式.

实际上,自然界中任何"立即产生立即结算"的现象,都有与连续复利相同的函数模型,如细菌的繁殖、放射性物质的衰减、生物的增长等的数学模型均为以 e 为底的指数函数,因此将以 e 为底的对数称为"自然对数"也就十分自然了.

五、连续函数的性质与存在性定理

闭区间上连续函数有两个非常重要的性质,这就是最大值最小值定理和介值性定理.这两个定理在数学上被称为"存在性定理",也就是只知其存在,却不知存在于何处.虽然没有指出确切的位置,但却保证了其存在,尽管不十分完美,在数学中却是十分有用的.

▲ **定理 6(最大、最小值定理)**   如果 $f(x)$ 在闭区间 $[a, b]$ 上连续,则至少存在两个点 ξ, $\eta \in [a, b]$,使得对所有的 $x \in [a, b]$,有

$$f(\xi) \leqslant f(x) \leqslant f(\eta).$$

这里 $f(\xi)$ 和 $f(\eta)$ 分别是 $f(x)$ 在 $[a, b]$ 上的**最小值**和**最大值**,即 $f(x)$ 的函数值在 η 处达到最大值,在 ξ 处取到最小值(图 2-6),但究竟 ξ 和 η 在哪里,还无法判定.

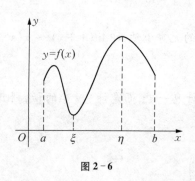

图 2-6

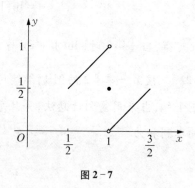

图 2-7

如果函数 $f(x)$ 在 $[a, b]$ 上有间断点,其函数值就不一定有最大、最小值,如:

$$f(x) = \begin{cases} x, & \frac{1}{2} \leqslant x < 1, \\ \frac{1}{2}, & x = 1, \\ x - 1, & 1 < x \leqslant \frac{3}{2}, \end{cases}$$

在 $\left[\dfrac{1}{2}, \dfrac{3}{2} \right]$ 上有间断点,容易看到其函数值既没有最大值,也没有最小值(图 2-7).

▲ **定理7(介值性定理)** 　当函数 $f(x)$ 在闭区间 $[a, b]$ 上连续,且 $f(a) \neq f(b)$ 时,对于任何一个介于 $f(a)$ 与 $f(b)$ 之间的实数 c: $f(a) < c < f(b)$ 或 $f(b) < c < f(a)$,必定存在一点 $\xi \in (a, b)$,使得 $f(\xi) = c$.

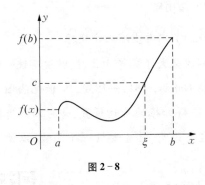

图 2-8

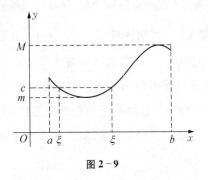

图 2-9

定理5可用图2-8和图2-9加以解释:可以看到连续曲线 $y = f(x)$ 与直线 $y = c(f(a) < c < f(b))$ 一定存在交点 (ξ, c)(可能还不止一点),即 $f(\xi) = c$,但具体是哪一点,却无法确定.

欣赏　峨眉山佛光,介值性定理应用一例.

北航的李尚志先生登峨眉山,问摄影师何时才能看见峨眉山佛光,摄影师回答说,"山腰云层太矮,或者云层太高,都不会出现佛光,必须高低合适,才能显现佛光".李先生看到山腰有一股云层正在向上涌,他想如果云层连续不断地往上涌,那么有一时刻云层高度和太阳的光的关系恰到好处,就能看见佛光了.果不其然,过了一会儿,舍身崖那边传来喊声:"快来看佛光啊!"(详见李尚志:"数学聊斋连载"《数学文化》创刊号,44页.)

这种"存在性"问题在中学数学也碰到过,如抽屉原理:M 个苹果放在 N 个抽屉里($M > N$),那么一定存在一个抽屉,其中至少有两个苹果.这里只知道存在这样的一个抽屉,具体是哪一个,就无法确定了.

还有著名的代数基本定理:任何一个 n 次代数方程在复数域上一定有 n 个根.定理只说存在 n 个根,但根在哪里,却没有说.

其他科学领域也有同样的情况.有些科学论断,确定某事物和某现象的存在,却不能指出存在的地方,或者说出具体的原因.但是,这些论断仍然具有重要的科学价值.例如:根据临床实验,知道几种药物服用后肯定有效,但是哪一种最有效,还说不清楚;通过野外调查,肯定东北大兴安岭某区域有野生东北虎存在,但是具体在哪里,还不能肯定.

贾岛(779—843 年,唐朝诗人)的诗《寻隐者不遇》:

"松下问童子,

言师采药去.

只在此山中,

云深不知处."

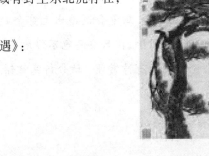

图 2-10

在人文意境上对存在性定理做了非常生动的描述(图2-10).

贾岛并非数学家,但是细细品味,觉得其诗的意境,简直是为数学而作:老药师在哪里? 他就在山中:"只在此山中".但具体在山中的哪里,却不知道了:"云深不知处".

近年来,高中数学教材中有二分法求根的内容.其特点是,先要知道这个根肯定存在,然后通过不断试验来逐步逼近这个根,存在性定理起了关键的作用!

例 23 证明方程 $x^6 - 3x^3 + 1 = 0$ 在区间 $(0, 1)$ 内至少有一个实根.

我们知道,一元二次方程有求根公式,而当方程次数大于或等于 5 时,就没有统一的求根公式.这是用著名的"伽罗瓦"理论(伽罗瓦,Évariste Galois, 1811—1832,19 世纪法国著名数学家)得出的结论.但是有了介值性定理,虽然还无法得知根的确切位置,却可以知道根是否存在.二分法求根的依据就在于此.下面就来证明这个论断,首先要设一个函数,以便可以用介值性定理.

证 设 $f(x) = x^6 - 3x^3 + 1$,则 $f(x)$ 在 $[0, 1]$ 上连续,并且 $f(0) = 1 > 0$, $f(1) = -1 < 0$.于是有 $f(1) < 0 < f(0)$,根据介值性定理,至少存在一点 $c \in (0, 1)$,使得 $f(c) = 0$.即 c 是方程 $x^6 - 3x^3 + 1 = 0$ 在区间 $(0, 1)$ 内的一个实根.

微课 1

思考题

1. 以下论断是否正确? 说明理由.

$$\lim_{n \to \infty} \left(\frac{1 + 2 + \cdots + n}{n^2} \right) = \lim_{n \to \infty} \left(\frac{1}{n^2} + \frac{2}{n^2} + \cdots + \frac{n}{n^2} \right) = \lim_{n \to \infty} \frac{1}{n^2} + \lim_{n \to \infty} \frac{2}{n^2} + \cdots + \lim_{n \to \infty} \frac{n}{n^2}$$

$$= 0 + 0 + \cdots + 0 = 0.$$

2. 如果一个数列的极限为 3,我们改变数列中的前一万项的值,这个数列是否还有极限? 如果有,极限是多少?

3. 芝诺"追乌龟"悖论.论述如下:

阿喀琉斯是古希腊神话中善跑的英雄.他和乌龟赛跑,速度为乌龟十倍.乌龟在前面 100 米跑,他在后面追,但他不可能追上乌龟.因为在竞赛中,追者首先必须到达被追者的出发点,当阿喀琉斯追到 100 米时,乌龟已经又向前爬了 10 米.于是,一个新的起点产生了,阿喀琉斯必须继续追.而当他追到乌龟爬的这 10 米时,乌龟又已经向前爬了 1 米,阿喀琉斯只能再追向那个 1 米.就这样,乌龟会制造出无穷个起点,它总能在起点与自己之间制造出一个距离,不管这个距离有多小,但只要乌龟不停地奋力向前爬,阿喀琉斯就永远也追不上乌龟!

这个论断明显有悖常理,请分析究竟错在哪里,尝试用学到的极限知识分析说明.

习 题 二

1. 用观察法求下列数列极限:

(1) $1, -\dfrac{1}{2}, \dfrac{1}{3}, -\dfrac{1}{4}, \cdots$;

(2) $0, -1, \dfrac{2}{3}, -\dfrac{3}{4}, \dfrac{4}{5}, \cdots$;

(3) $0, \dfrac{1}{2}, 0, \dfrac{1}{4}, 0, \dfrac{1}{8}, 0, \dfrac{1}{16}, \cdots$.

2. 求下列数列极限:

(1) $\lim\limits_{n \to \infty} \dfrac{1}{n^3}$;

(2) $\lim\limits_{n \to \infty} \dfrac{4n+1}{3n-1}$;

(3) $\lim\limits_{n \to \infty} \left(\dfrac{2}{5}\right)^n$;

(4) $\lim\limits_{n \to \infty} \dfrac{n^3 + 2n - 5}{5n^3 - n}$;

(5) $\lim\limits_{n \to \infty} \dfrac{n-2}{n^2+1}$;

(6) $\lim\limits_{n \to \infty} \left(\sqrt{n^2+n} - \sqrt{n^2-3n}\right)$;

(7) $\lim\limits_{n \to \infty} \dfrac{(-1)^n - n^2}{2n^2 + 3n + \arctan n}$;

(8) $\lim\limits_{n \to \infty} \left(1 + \dfrac{1}{2n}\right)^n$.

3. 关于图 2-11 的函数 $y = f(x)$, 下列哪些命题是正确的, 哪些是错误的?

(1) $\lim\limits_{x \to 0} f(x)$ 存在;

(2) $\lim\limits_{x \to 0} f(x) = 0$;

(3) $\lim\limits_{x \to 0} f(x) = 1$;

(4) $\lim\limits_{x \to 1} f(x) = 1$;

(5) $\lim\limits_{x \to 1} f(x) = 0$;

(6) 在 $(-1, 1)$ 中每一点 x_0 处 $\lim\limits_{x \to x_0} f(x)$ 均存在;

(7) 在 $(-1, 1)$ 中每一点 x_0 处 $f(x)$ 都连续.

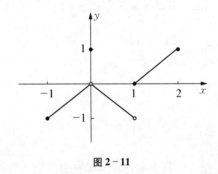

图 2-11

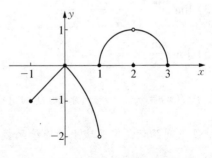

图 2-12

4. 关于图 2-12 的函数 $y = f(x)$, 下列哪些命题是正确的, 哪些是错误的?

(1) $\lim\limits_{x \to 2} f(x)$ 不存在;　(2) $\lim\limits_{x \to 2} f(x) = 2$;　(3) $\lim\limits_{x \to 1} f(x)$ 不存在;

(4) 在 $(-1, 1)$ 中每一点 x_0 处 $\lim\limits_{x \to x_0} f(x)$ 均存在;

(5) 在 $(1, 3)$ 中每一点 x_0 处 $\lim\limits_{x \to x_0} f(x)$ 均存在;

(6) 在 $x = 0$, $x = 1$, $x = 2$ 处 $f(x)$ 都连续.

5. 求下列函数极限:

(1) $\lim\limits_{x \to 0} \dfrac{x^2 - 5x + 6}{x^2 + 4x - 11}$;

(2) $\lim\limits_{x \to +\infty} \dfrac{1 + \sqrt{x}}{1 - \sqrt{x}}$;

(3) $\lim\limits_{x \to \infty} \dfrac{5x^3 - 2x - 1}{6x^3 - x^2 + 5}$;

(4) $\lim\limits_{x \to 1}\left(\dfrac{1}{1 - x} - \dfrac{3}{1 - x^3} \right)$.

6. 求下列函数极限:

(1) $\lim\limits_{x \to 0} \dfrac{\sin 3x}{\sin 7x}$;

(2) $\lim\limits_{x \to 0} \dfrac{\tan 2x}{x}$;

(3) $\lim\limits_{x \to 0} \dfrac{\sin 3x}{\tan 5x}$;

(4) $\lim\limits_{x \to 0} \dfrac{\sin x^3}{\sin^2 x}$;

(5) $\lim\limits_{x \to 1} \dfrac{\sin(x^2 - 1)}{x - 1}$;

(6) 已知 $\lim\limits_{x \to 0} \dfrac{\sin ax}{x} = \dfrac{1}{3}$, 求 a;

(7) $\lim\limits_{x \to 0}(1 + 2x)^{\frac{1}{x}}$;

(8) $\lim\limits_{x \to \infty}\left(1 - \dfrac{1}{x} \right)^{kx}$ (k 为正整数);

(9) $\lim\limits_{x \to 0}\left(\dfrac{1 + x}{1 - x} \right)^{\frac{1}{x}}$;

(10) $\lim\limits_{x \to \infty}\left(\dfrac{x}{1 + x} \right)^{x+1}$;

(11) $\lim\limits_{x \to 0} \dfrac{e^x - 1}{x}$;

(12) 已知 $\lim\limits_{x \to \infty}\left(1 - \dfrac{\alpha}{x} \right)^x = 3$, 求 α.

7. 求下列函数极限:

(1) $\lim\limits_{x \to 0}\sqrt{x^2 - 3x + 7}$;

(2) $\lim\limits_{x \to \frac{\pi}{4}}(\sin 3x)^2$;

(3) $\lim\limits_{x \to 0} \dfrac{\sqrt{1 + x} - \sqrt{1 - x}}{x}$;

(4) $\lim\limits_{x \to +\infty}(\sqrt{x^2 + x} - \sqrt{x^2 - x})$;

(5) $\lim\limits_{x \to \infty} \dfrac{\sin x}{x}$;

(6) $\lim\limits_{x \to \infty} \dfrac{(2x^2 + x)^{50}}{(3x^4 - 5x)^{25}}$.

8. 设 $f(x) = \dfrac{x + 3}{x^2 + x - 6}$, 求 $\lim\limits_{x \to 0} f(x)$ 和 $\lim\limits_{x \to -3} f(x)$.

9. 设下列函数是定义域上的连续函数, 求 a 的值:

(1) $f(x) = \begin{cases} \dfrac{x^3 - 8}{x - 2}, & x \neq 2, \\ a + 3, & x = 2; \end{cases}$

(2) $f(x) = \begin{cases} (1 + x)^{\frac{1}{x}}, & x \neq 0, \\ a, & x = 0. \end{cases}$

10. 证明方程 $x^2 - \sin x - 1 = 0$ 在区间 $\left(0, \dfrac{\pi}{2} \right)$ 内至少有一个实根.

第三章　变化率和局部线性化——导数和微分

微积分的诞生是生产力发展的必然结果,同时微积分在很大程度上影响了工业革命的进程,开创了人类科学的黄金时代,成为人类理性精神胜利的标志.通常认为变速运动的瞬时速度问题,曲线的切线问题以及求函数的极值问题是导致微积分产生的三大原因.这三个问题的实质都是"变化率",因此我们就从变化率谈起.

§1　函数的变化率——导数

中学学习函数,知道当自变量 x 变化时,函数值 $f(x)$ 随 x 变化而变化,这是第一层次的问题.如果问 x 变化之后,函数值的变化相对于 x 的变化是快还是慢? 这就是变化率,是高一层次的问题,需要用微积分来解决.

一、两个实际例子

1. 切线问题

曲线的切线是中学就有的概念,我们在日常生活中也是可以用直觉感知的.比如,说"旋转雨伞时,雨滴脱离雨伞瞬间是沿着雨伞旋转轨迹的切线方向飞去",相信人们基本能理解这句话的意思.但究竟什么是"切线方向",没有数学的帮助,相信同样是很难说清楚的.

那么,什么是切线,如何来求呢? 曲线在某一点的切线是在该点与曲线密切接触程度最高的一条直线.因为决定一条直线需要两点,我们要找的切线首先应通过该定点,至于另一点,在曲线上往往找不到最好的,却有更好的,越靠近该定点一定越好.为了得到切线,先在定点附近取一点(称为动点),再过这两点作一条直线(称为割线),当这个动点无限接近定点时,该直线就成为了过该定点的切线了! 下面就用这个想法来求切线.

设曲线 C 是函数 $y = f(x)$ 的图形.$A(x_0, f(x_0))$ 是曲线 C 上的一个点,$B(x_0 + \Delta x, f(x_0 + \Delta x))$ 是曲线 C 上靠近 A 的点($\Delta x \neq 0$),过 AB 作割线(如图 3-1).根据切线的定义,只要求出切线的斜率即可.由图 3-1 割线 AB 的斜率为

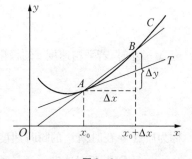

图 3-1

$$\bar{k} = \frac{\Delta y}{\Delta x} = \frac{f(x_0 + \Delta x) - f(x_0)}{\Delta x}.$$

当点 B 沿曲线 C 移动并无限接近点 A 时,即 $\Delta x \to 0 (x \to x_0)$ 时,如果极限 $k = \lim\limits_{\Delta x \to 0} \frac{f(x_0 + \Delta x) - f(x_0)}{\Delta x}$ 存在,则这个 k 就是曲线 C 在点 A 处切线的斜率.这里 $k = \tan \alpha$,其中 α 是切线 AT 的倾角.于是过点 $A(x_0, f(x_0))$ 且以 k 为斜率的直线 AT 便是曲线 C 在点 A 处的切线.

在这里看到,曲线的切线问题最后归结到函数的增加量 $\Delta y = f(x_0 + \Delta x) - f(x_0)$ 与自变量的增加量 Δx 比值的极限.只要 Δx 不等于零,这个比值就是割线的斜率,而等于零比值就没有了意义.所以我们要用割线的斜率无限逼近切线的斜率,其极限位置(即 $\Delta x \to 0$ 时的极限)就是切线的斜率了.

比值 $\dfrac{\Delta y}{\Delta x} = \dfrac{f(x_0 + \Delta x) - f(x_0)}{\Delta x}$ 的意义是函数 $y = f(x)$ 在区间 $[x_0, x_0 + \Delta x]$ 上的 **平均变化率**,而极限是 $y = f(x)$ 在 x_0 处的瞬时 **变化率**.

2. 瞬时速度问题

中学数学涉及的速度都是平均速度,如刘翔打破 110 米栏世界记录的成绩是 12.88 秒,于是他这一跑的平均速度为:110 米/12.88 秒 = 8.54 米/秒,平均速度实质是将整个过程看成是匀速运动时的速度.但是,当人们要研究刘翔的起跑、跨栏、撞线甚至全过程中每一时刻的速度时,就是**瞬时速度**.什么是瞬时速度呢?《辞海》中"速度"一条的解释是:

描写物体位置变化的快慢和方向的物理量.物体的位移和时间之比,称为这段时间内的平均速度.如果这一时间极短(趋向于 0),这一比值的极限就称为物体在该时刻的速度,亦称"瞬时速度".

我们就用辞海中的定义来求出直线运动的瞬时速度.

设质点 M 沿直线运动,其位移 s 是时间 t 的函数:$s = s(t)$,当时间 t 在 t_0 处有一个增量 $\Delta t \neq 0$ 时,相应地,位移 s 也有一个增量

$$\Delta s = s(t_0 + \Delta t) - s(t_0),$$

这样质点 M 从时刻 t_0 到时刻 $t_0 + \Delta t$ 这段时间内的平均速度为

$$\bar{v} = \frac{\Delta s}{\Delta t} = \frac{s(t_0 + \Delta t) - s(t_0)}{\Delta t}.$$

当 $\Delta t \to 0$ 时,若平均速度 $\bar{v}$ 的极限存在,则其极限

$$v = \lim_{\Delta t \to 0} \frac{\Delta s}{\Delta t} = \lim_{\Delta t \to 0} \frac{s(t_0 + \Delta t) - s(t_0)}{\Delta t}$$

称为质点 M 在时刻 t_0 的**瞬时速度**.

由此看到,瞬时速度也是一种变化率.上面两个例子虽属不同的范畴(一个是几何,一个是物

理),但要解决的数学问题是一样的,都是函数关于自变量的变化率问题.因此研究函数的增量 Δy 与自变量的增量 Δx 的比值$\dfrac{\Delta y}{\Delta x}$当 $\Delta x \to 0$ 时的极限具有重要的实际意义.

变化率在微积分中就是"导数",导数的数学定义如下.

二、导数的概念

▲**定义 1** 设函数 $y = f(x)$ 在 x_0 的某一邻域内有定义,当自变量 x 在 x_0 处有增量 Δx(点 $x_0 + \Delta x$ 仍在该邻域内)时,相应地函数有增量 $\Delta y = f(x_0 + \Delta x) - f(x_0)$,如果 Δy 与 Δx 的比值 $\dfrac{\Delta y}{\Delta x}$ 的极限

$$\lim_{\Delta x \to 0} \frac{\Delta y}{\Delta x} = \lim_{\Delta x \to 0} \frac{f(x_0 + \Delta x) - f(x_0)}{\Delta x} \tag{3.1}$$

存在,则称 $f(x)$ 在点 x_0 可导,称该极限为函数 $f(x)$ 在点 x_0 处的**导数**,记作 $f'(x_0)$,即

$$f'(x_0) = \lim_{\Delta x \to 0} \frac{f(x_0 + \Delta x) - f(x_0)}{\Delta x},$$

也可以记作 $y'(x_0)$,$y'\big|_{x=x_0}$,$\dfrac{\mathrm{d}y}{\mathrm{d}x}\bigg|_{x=x_0}$ 或 $\dfrac{\mathrm{d}f(x)}{\mathrm{d}x}\bigg|_{x=x_0}$.

如果极限(3.1)不存在,则称 $f(x)$ 在 x_0 处**不可导**.

若令 $x = x_0 + \Delta x$,则 $\Delta x = x - x_0$,当 $\Delta x \to 0$ 时 $x \to x_0$,于是可得 $f(x)$ 在 x_0 处导数的等价定义

$$f'(x_0) = \lim_{x \to x_0} \frac{f(x) - f(x_0)}{x - x_0}.$$

回顾极限情形,有左右极限的概念.于是有

▲**定义 2** 若 $\displaystyle\lim_{\Delta x \to 0^+(0^-)} \frac{\Delta y}{\Delta x} = \lim_{\Delta x \to 0^+(0^-)} \frac{f(x_0 + \Delta x) - f(x_0)}{\Delta x}$ 存在,则称此极限为 $f(x)$ 在 x_0 处的**右(左)导数**,记作 $f'_+(x_0)$(或 $f'_-(x_0)$).

右导数与左导数统称为**单侧导数**.

根据导数定义及极限存在定理可知:

$f'(x_0)$ 存在的充要条件是 $f'_+(x_0)$ 与 $f'_-(x_0)$ 都存在且相等.

若函数 $f(x)$ 在区间 I 上每一处都可导(对于端点,只要存在相应的单侧导数),则称 $f(x)$ 在 I 上可导,其导数值是一个随 x 而变化的函数,称为**导函数**,记为 $f'(x)$,或 y',$\dfrac{\mathrm{d}y}{\mathrm{d}x}$,$\dfrac{\mathrm{d}f}{\mathrm{d}x}$.

我们在第二章学习过连续函数,知道函数 $f(x)$ 在点 x_0 处连续是指:$\displaystyle\lim_{\Delta x \to 0} f(x_0 + \Delta x) = f(x_0)$,或者$\displaystyle\lim_{\Delta x \to 0} [f(x_0 + \Delta x) - f(x_0)] = 0$,看上去与 $f(x)$ 在点 x_0 处的导数是有关系的,那么是怎样的关系呢?

根据导数的定义,当函数 $f(x)$ 在点 x_0 处可导时,$\lim\limits_{\Delta x \to 0} \dfrac{f(x_0 + \Delta x) - f(x_0)}{\Delta x} = f'(x_0)$ 存在,这样就有

$$\lim_{\Delta x \to 0}\left[f(x_0 + \Delta x) - f(x_0) \right] = \lim_{\Delta x \to 0}\frac{f(x_0 + \Delta x) - f(x_0)}{\Delta x} \cdot \Delta x$$
$$= \lim_{\Delta x \to 0}\frac{f(x_0 + \Delta x) - f(x_0)}{\Delta x} \cdot \lim_{\Delta x \to 0}\Delta x$$
$$= f'(x_0) \cdot 0 = 0.$$

这表明函数 $f(x)$ 在 x_0 处可导必定在 x_0 处连续,简称**可导必连续**.而函数 $f(x)$ 在 x_0 处连续一般不能得出 $f(x)$ 在 x_0 处可导(见本节的例 11).这个性质实质是说**连续是可导的必要条件**:如果函数在某点不连续,则在该点一定不可导.

例 1　求函数 $y = x^3$ 在某一点 x_0 处的导数.

解　取自变量 x 在 x_0 处的增量 $\Delta x = x - x_0$,于是函数有相应的增量

$$\Delta y = (x_0 + \Delta x)^3 - x_0^3 = 3x_0^2 \Delta x + 3x_0 (\Delta x)^2 + (\Delta x)^3,$$

所以

$$y' = \lim_{\Delta x \to 0}\frac{\Delta y}{\Delta x} = \lim_{\Delta x \to 0}\frac{(x_0 + \Delta x)^3 - x_0^3}{\Delta x} = \lim_{\Delta x \to 0}\frac{3x_0^2 \Delta x + 3x_0 (\Delta x)^2 + (\Delta x)^3}{\Delta x}$$
$$= \lim_{\Delta x \to 0}\left[3x_0^2 + 3x_0 \Delta x + (\Delta x)^2 \right] = 3x_0^2.$$

例 2　作为比较,下面介绍牛顿时期的求导数方法.

牛顿在《求积术》一文中关于导数(当时称流数)有如下的论述:

设 x 均匀地变动一个增量 h(就是定义中的 Δx),欲求 x^n 的导数,在 x 变成 $x + h$ 的同时,x^n 变成 $(x + h)^n$,而

$$(x + h)^n = x^n + nx^{n-1}h + \frac{n(n-1)}{2}x^{n-2}h^2 + \cdots + h^n,$$

注意到 $(x + h)^n - x^n = nx^{n-1}h + \dfrac{n(n-1)}{2}x^{n-2}h^2 + \cdots + h^n$,将它与增量 h 作比,约去 h,得

$$nx^{n-1} + \frac{n(n-1)}{2}x^{n-2}h + \cdots + h^{n-1}.$$

再令增量 h 等于零,它们的最终比变成 nx^{n-1}.

牛顿用上面的论证得出 $y = x^n$ 的导数是 nx^{n-1},显然,论证不够严格,增量 h 开始时不是 0,所以求比值时可以约去.后来为了得到导数,又令增量 h 为零(马克思称之为暴力镇压),使除了 nx^{n-1} 外的其余各项均消失.与例 1 相比,牛顿时代由于极限理论尚未成熟,无法将极限表达清楚,以至于出现了这种对待 h 招之即来、挥之即去的做法,在逻辑上是站不住脚的,可

是在应用上却屡获成功,解决了许多科学和工程上的问题.现在我们知道这实际上是一个极限问题,只要求极限

$$\lim_{h \to 0}\left(nx^{n-1} + \frac{n(n-1)}{2}x^{n-2}h + \cdots + h^{n-1}\right) = nx^{n-1}$$

即可.

欣赏 贝克莱悖论与第二次数学危机

17 世纪后期,牛顿(Newton)和莱布尼茨(Leibniz)创立微积分学,成为解决众多问题的重要而有力的工具,并在实际应用中获得了巨大成功.然而,由于刚刚诞生的微积分是建立在无穷小分析之上的,而当时的无穷小分析是包含逻辑矛盾的,所以遭到了一些人的强烈攻击和指责.其中最激烈的要数大主教乔治·贝克莱(George Berkeley).

1734 年,他以"渺小的哲学家"之名出版了一本标题很长的书《分析学家;或一篇致一位不信神数学家的论文,其中审查一下近代分析学的对象、原则及论断是不是比宗教的神秘、信仰的要点有更清晰的表达,或更明显的推理》.在这本书中,贝克莱对牛顿的理论进行了激烈的指责.例如,牛顿为计算 x^2 的导数,先将 x^2 取一个不为 0 的增量 Δx,得到 $(x + \Delta x)^2 - x^2 = 2x\Delta x + (\Delta x)^2$,后再被 Δx 除,得到 $2x + \Delta x$,最后突然令 $\Delta x = 0$,求得导数为 $2x$.贝克莱指责牛顿这是"依靠双重错误得到了不科学却正确的结果".因为无穷小量在牛顿的理论中一会儿说是零,一会儿又说不是零.因此,贝克莱嘲笑无穷小量是"已死量的幽灵".贝克莱的攻击虽说出自维护神学的目的,但却真正抓住了牛顿理论中的缺陷,是切中要害的.牛顿微积分的不严格,在数学史上称为"第二次数学危机".不过,我们也可以从另一方面看,新生事物往往不完备,但却具有强大的生命力(§3 中费马的例子也是如此).大约在牛顿发现微积分 200 年之后,经过许多数学家的努力,建立起了严格的实数理论和极限理论,才为微积分奠定了牢固的理论基础,第二次数学危机也就迎刃而解了!

例3 设 $f(x)$ 在 $x = 1$ 处可导,且 $f'(1) = 2$,求 $\lim\limits_{h \to 0}\dfrac{f(1 + 2h) - f(1)}{h}$.

解 根据导数的定义,$f'(1) = \lim\limits_{h \to 0}\dfrac{f(1 + h) - f(1)}{h}$,注意到,当 $h \to 0$ 时,$2h \to 0$,所以有

$$\lim_{h \to 0}\frac{f(1 + 2h) - f(1)}{h} = \lim_{h \to 0}\frac{f(1 + 2h) - f(1)}{2h} \cdot 2$$

$$= 2\lim_{2h \to 0}\frac{f(1 + 2h) - f(1)}{2h}$$

$$= 2f'(1) = 4.$$

例4 常值函数 $y = C$ 的导数为:

$$y' = C' = \lim_{\Delta x \to 0} \frac{f(x_0 + \Delta x) - f(x_0)}{\Delta x} = \lim_{\Delta x \to 0} \frac{C - C}{\Delta x} = 0.$$

例 5 求三角函数 $y = \sin x$ 的导数.

解 $y' = (\sin x)' = \lim_{\Delta x \to 0} \frac{\sin(x + \Delta x) - \sin x}{\Delta x} = \lim_{\Delta x \to 0} \frac{2\sin\dfrac{\Delta x}{2}\cos\dfrac{2x + \Delta x}{2}}{\Delta x}$

$$= \lim_{\Delta x \to 0} \frac{\sin\dfrac{\Delta x}{2}}{\dfrac{\Delta x}{2}} \lim_{\Delta x \to 0} \cos\frac{2x + \Delta x}{2} = \cos x.$$

注 上面解题中用到了三角函数的和差化积公式、三角函数的连续性和重要极限 $\lim_{x \to 0} \dfrac{\sin x}{x} = 1$.

类似地,可以得到:$(\cos x)' = -\sin x$.

例 6 求对数函数 $y = \ln x$ 的导数.

解 $y' = (\ln x)' = \lim_{\Delta x \to 0} \frac{\ln(x + \Delta x) - \ln x}{\Delta x} = \lim_{\Delta x \to 0} \frac{1}{\Delta x}\ln\left(1 + \frac{\Delta x}{x}\right)$

$$= \frac{1}{x}\lim_{\Delta x \to 0}\ln\left(1 + \frac{\Delta x}{x}\right)^{\frac{x}{\Delta x}} = \frac{1}{x}\ln\lim_{\Delta x \to 0}\left(1 + \frac{\Delta x}{x}\right)^{\frac{x}{\Delta x}}$$

$$= \frac{1}{x}\ln e = \frac{1}{x}.$$

类似地,可以得到 $(e^x)' = e^x$.

有了导数的定义,就可以进行求导运算了,但是,即便是基本初等函数,求导也不是一件容易的事,为了使求导变得更为简便,需要研究导数的性质,和求导的运算法则.由于初等函数是由基本初等函数经过有限次的四则运算和复合运算生成的,因此只要知道基本初等函数的导数公式及求导的四则运算、复合函数求导法则,初等函数的求导问题就解决了.

三、导数的运算性质

1. 导数的四则运算

定理 1 设函数 $u(x)$ 和 $v(x)$ 都可导,则

(1) $u(x) \pm v(x)$ 可导,且 $[u(x) \pm v(x)]' = u'(x) \pm v'(x)$;

(2) $u(x)v(x)$ 可导,且 $[u(x)v(x)]' = u'(x)v(x) + u(x)v'(x)$,

特别地,对于常数 k,有 $[ku(x)]' = ku'(x)$;

(3) 当 $v(x) \neq 0$ 时,$\dfrac{u(x)}{v(x)}$ 可导,且 $\left[\dfrac{u(x)}{v(x)}\right]' = \dfrac{u'(x)v(x) - u(x)v'(x)}{v^2(x)}$,特别地,

$$\left[\frac{1}{v(x)}\right]' = \frac{-v'(x)}{v^2(x)}.$$

证　这里只对乘法法则进行证明.请注意下面证明过程中用到了可导一定连续这一性质.

$$[u(x)v(x)]' = \lim_{\Delta x \to 0} \frac{u(x+\Delta x)v(x+\Delta x) - u(x)v(x)}{\Delta x}$$

$$= \lim_{\Delta x \to 0} \frac{u(x+\Delta x)v(x+\Delta x) - u(x)v(x+\Delta x) + u(x)v(x+\Delta x) - u(x)v(x)}{\Delta x}$$

$$= \lim_{\Delta x \to 0} \frac{u(x+\Delta x) - u(x)}{\Delta x} \lim_{\Delta x \to 0} v(x+\Delta x) + u(x) \lim_{\Delta x \to 0} \frac{v(x+\Delta x) - v(x)}{\Delta x}$$

$$= u'(x)v(x) + u(x)v'(x).$$

例 7　求下列函数的导数：

（1）$y = \tan x$；　　　　（2）$y = \cot x$；

解　（1）根据除法法则,有

$$y' = \left(\frac{\sin x}{\cos x}\right)' = \frac{(\sin x)'\cos x - \sin x(\cos x)'}{\cos^2 x}$$

$$= \frac{\cos^2 x + \sin^2 x}{\cos^2 x} = \frac{1}{\cos^2 x}.$$

（2）类似地,有

$$y' = (\cot x)' = \left(\frac{\cos x}{\sin x}\right)' = -\frac{1}{\sin^2 x}.$$

为了便于求导运算,下面给出基本初等函数的求导公式,有些已经证明了,有些我们不再加以证明.

2. 基本初等函数的求导公式

（1）常值函数 $y = C$ 的导数 $(C)' = 0$.

（2）幂函数 $y = x^\alpha$（α 是实数）的导数 $(x^\alpha)' = \alpha x^{\alpha-1}$.

（3）指数函数 $y = e^x$ 的导数 $(e^x)' = e^x$，$y = a^x (a > 0, a \neq 1)$ 的导数 $(a^x)' = a^x \ln a$.

（4）对数函数 $y = \ln x$ 的导数 $(\ln x)' = \dfrac{1}{x}$，$y = \log_a x$ 的导数

$$(\log_a x)' = \frac{1}{x \ln a} (a > 0, a \neq 1).$$

（5）三角函数的导数：

$(\sin x)' = \cos x$，$(\cos x)' = -\sin x$，

$(\tan x)' = \dfrac{1}{\cos^2 x}$，$(\cot x)' = -\dfrac{1}{\sin^2 x}$；

(6) 反三角函数的导数:

$$(\arcsin x)' = \frac{1}{\sqrt{1 - x^2}}, \quad (\arccos x)' = -\frac{1}{\sqrt{1 - x^2}} \quad (|x| < 1),$$

$$(\arctan x)' = \frac{1}{1 + x^2}, \quad (\operatorname{arccot} x)' = -\frac{1}{1 + x^2}.$$

这些基本求导公式是计算导数的基础,必须牢记!

例 8 求下列函数的导数:

(1) $y = x^3 + 3\sin x - \ln 2$; (2) $y = x\tan x$;

(3) $y = \dfrac{\ln x}{x}$; (4) $y = e^x \arcsin x - \dfrac{2}{\sqrt{x}}$.

解 (1) 根据加法和减法求导法则,注意 $\ln 2$ 是常数,于是有

$$y' = (x^3 + 3\sin x - \ln 2)' = (x^3)' + 3(\sin x)' - (\ln 2)'$$
$$= 3x^2 + 3\cos x.$$

(2) 根据乘法求导法则,有

$$y' = (x\tan x)' = x'\tan x + x(\tan x)' = \tan x + \frac{x}{\cos^2 x}.$$

(3) 根据除法求导法则,有

$$y' = \left(\frac{\ln x}{x}\right)' = \frac{(\ln x)'x - x'\ln x}{x^2} = \frac{1 - \ln x}{x^2}.$$

(4) $y' = (e^x \arcsin x)' - 2(x^{-\frac{1}{2}})' = (e^x)'\arcsin x + e^x(\arcsin x)' - 2 \cdot \left(-\frac{1}{2}\right)x^{-\frac{1}{2}-1}$

$$= e^x \arcsin x + \frac{e^x}{\sqrt{1 - x^2}} + \frac{1}{x\sqrt{x}}.$$

例 9 求曲线 $y = \ln x + x^2$ 在 $x = 1$ 所对应点处的切线方程.

解 函数 $f(x)$ 在点 x_0 的导数是曲线 $y = f(x)$ 上过点 $(x_0, f(x_0))$ 的切线的斜率.所以,所求切线的斜率为

$$k = (\ln x + x^2)'|_{x=1} = (\ln x)'|_{x=1} + (x^2)'|_{x=1}$$

$$= \frac{1}{x}\bigg|_{x=1} + 2x|_{x=1} = 3,$$

又因为当 $x = 1$ 时,$y = 1$,即曲线经过点 $(1, 1)$.再根据直线的点斜式方程,可得切线的方程为

$$y - 1 = 3(x - 1), \text{或} y = 3x - 2.$$

例 10 化学反应速度.设某一化学反应,其反应物的浓度 C 是时间 t 的函数 $C = C(t)$.当时间变量在时刻 t_0 有一增量 Δt 时,反应物的浓度也有一相应的改变量 $\Delta C = C(t_0 + \Delta t) - C(t_0)$,因而反应物的浓度从时刻 t_0 到时刻 $t_0 + \Delta t$ 这段时间间隔内的平均变化率为 $\bar{v} = \dfrac{\Delta C}{\Delta t} = \dfrac{C(t_0 + \Delta t) - C(t_0)}{\Delta t}$.当 $\Delta t \to 0$ 时,其极限(如果存在)$v(t_0) = \lim\limits_{\Delta t \to 0} \dfrac{\Delta C}{\Delta t} = C'(t_0)$ 就是反应物浓度在时刻 t_0 的瞬时变化率,在化学中称为在时刻 t_0 的化学反应速度.

例 11 导数不存在的例子:绝对值函数 $f(x) = |x| = \sqrt{x^2}$ 在 $x = 0$ 处导数不存在.

解 由于 $\dfrac{f(0 + \Delta x) - f(0)}{\Delta x} = \dfrac{|\Delta x|}{\Delta x} = \begin{cases} -1, & \Delta x < 0, \\ 1, & \Delta x > 0, \end{cases}$ 所以当 $\Delta x < 0$ 并且趋于 0 时,

$$\lim_{\Delta x \to 0^-} \frac{|\Delta x|}{\Delta x} = -1;\ 当 \Delta x > 0 并且趋于 0 时 \lim_{\Delta x \to 0^+} \frac{|\Delta x|}{\Delta x} = 1.$$

因此 $\lim\limits_{\Delta x \to 0} \dfrac{|\Delta x|}{\Delta x}$ 不存在,即 $f(x)$ 在 $x = 0$ 处的导数不存在.

函数 $y = |x|$ 的图形见图 3-2.从图中可以看出,曲线在原点 $(0, 0)$ 处没有切线!

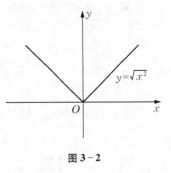

图 3-2

3. 复合函数的求导法则

设函数 $y = f(u)$ 与函数 $u = g(x)$ 可以复合成复合函数 $y = f[g(x)]$,并且都可导,则复合函数 $y = f[g(x)]$ 也是可导的,其导数为

$$\frac{dy}{dx} = \frac{dy}{du} \cdot \frac{du}{dx},或\{f[g(x)]\}' = f'[g(x)] \cdot g'(x). \tag{3.2}$$

复合函数的求导法则(3.2)通常称为**链法则**,因为它像链条那样环环相扣,中间变量 u 就像链条的中间环节是不能漏掉的!

另外,还要注意公式(3.2)中的记号,$f'[g(x)]$ 是 $f(u)$ 对变量 u 求导,然后再用 $g(x)$ 代替 u 得到的表达式.

例 12 求下列函数的导数:

(1) $y = \sin 3x$;   (2) $y = (5x + 3)^{10}$;   (3) $y = \ln(3x + 1)$.

解 (1) 由于 $y = \sin 3x$ 是由 $y = \sin u$,$u = 3x$ 复合而成,根据链法则有

$$\frac{dy}{dx} = \frac{dy}{du} \cdot \frac{du}{dx} = \frac{d(\sin u)}{du} \cdot \frac{d(3x)}{dx} = 3\cos 3x.$$

(2) 如果把这个函数展开成多项式后再进行求导,非常麻烦.因此看成复合函数进行求导:

$y = (5x + 3)^{10}$ 是由 $y = u^{10}$ 和 $u = 5x + 3$ 复合而成的,根据链法则有

$$\frac{dy}{dx} = \frac{dy}{du} \cdot \frac{du}{dx} = \frac{d(u^{10})}{du} \cdot \frac{d(5x+3)}{dx} = 10u^9 \cdot 5$$

$$= 50(5x+3)^9.$$

(3) $y = \ln(3x+1)$ 由 $y = \ln u$, $u = 3x+1$ 复合而成,所以

$$y' = (\ln u)'(3x+1)' = \frac{1}{u} \cdot 3 = \frac{3}{3x+1}.$$

例 13　求 $y = \cos^3 x$ 的导数.

解　$y = \cos^3 x$ 是由 $y = u^3$, $u = \cos x$ 复合而成的,所以

$$y' = (u^3)'(\cos x)' = 3u^2 \cdot (-\sin x) = -3\cos^2 x \cdot \sin x.$$

例 14　求 $y = e^{x^2}$ 的导数 $y'|_{x=1}$.

解　$y = e^{x^2}$ 由 $y = e^u$, $u = x^2$ 复合而成,所以

$$y' = (e^u)'(x^2)' = 2xe^{x^2},$$

$$y'|_{x=1} = 2xe^{x^2}|_{x=1} = 2e.$$

复合函数求导的关键是正确分解复合函数.

微课2

四、二阶导数

运动学中,需要知道物体的速度,更需要知道物体运动速度的变化率,即加速度.因为变速直线运动的速度 $v(t)$ 是位移函数 $s(t)$ 对时间 t 的导数,而加速度 $a(t)$ 是速度 $v(t)$ 对时间 t 的导数,所以加速度 $a(t)$ 是位移函数对时间 t 的导数的导数,也就是说,对一个可导函数求导之后,有时还需要研究其导函数的导数.

我们称函数 $y = f(x)$ 导数 $\frac{dy}{dx} = f'(x)$ 的导数为 $y = f(x)$ 的二阶导数,记为 y'' 或 $f''(x)$ 或 $\frac{d^2 y}{dx^2}$, $\frac{d^2 f}{dx^2}$.

函数 $f(x)$ 的二阶导数在点 $x = x_0$ 处的值记为

$$f''(x_0),\ y''|_{x=x_0}\ 或 \frac{d^2 y}{dx^2}\bigg|_{x=x_0},\ \frac{d^2 f}{dx^2}\bigg|_{x=x_0}.$$

求二阶导数就是连续两次求导数,所以,仍可用前面学过的求导方法来计算二阶导数.

例 15　设 $y = x^4$, 求 y''.

解　$y' = 4x^3$, $y'' = 12x^2$.

例 16　设 $y = a^x$, 求 $y''(a > 0, a \neq 1)$.

解　$y' = a^x \ln a$, $y'' = a^x \ln^2 a$.

例 17　设 $y = \sin(3x^2 + 1)$, 求 y''.

解　$y' = 6x\cos(3x^2 + 1)$,

$$y'' = [6x\cos(3x^2 + 1)]' = 6\cos(3x^2 + 1) - 6x \cdot 6x\sin(3x^2 + 1)$$
$$= 6\cos(3x^2 + 1) - 36x^2\sin(3x^2 + 1).$$

例 18　设 $y = \dfrac{1}{ax + b}$, 求 y''.

解　$y' = \left(\dfrac{1}{ax + b}\right)' = \dfrac{-a}{(ax + b)^2}$,

$$y'' = \left[\dfrac{-a}{(ax + b)^2}\right]' = \dfrac{2a^2}{(ax + b)^3}.$$

例 19　设 $y = x^2\sin x$, 求 y''.

解　$y' = 2x\sin x + x^2\cos x$,

$$y'' = (2x\sin x)' + (x^2\cos x)'$$
$$= 2\sin x + 2x\cos x + 2x\cos x - x^2\sin x$$
$$= 2\sin x + 4x\cos x - x^2\sin x.$$

如果函数 $f(x)$ 的二阶导数 $f''(x)$ 仍然可导,那么可以对 $f''(x)$ 继续求导,这就是函数 $f(x)$ 的三阶导数 $f'''(x)$.只要条件满足,这个求导过程可以继续下去.

二阶以及二阶以上的导数都称为**高阶导数**.

§2　函数的局部线性化——微分

线性函数 $y = kx + b$, 在中学数学中称为一次函数,是最简单的函数,它的图形是平面上的一条直线.但是在实际中,经常碰到的函数都不会是线性函数,也就是我们要处理的问题比线性函数复杂得多.

那么遇到不简单的事情怎么办呢? 把它化解成简单的事情来处理!

一、微分是函数在局部的线性化

从导数的概念中知道,曲线 $y = f(x)$ 在某一点 $M(x_0, f(x_0))$ 与它接触最密切的直线是曲线在该点的切线,而要得到切线,就必须得到切线的斜率,但仅凭 $M(x_0, f(x_0))$ 一点是无法求得斜率的,这就需要在曲线上点 M 的邻近再取一点 N,先做出割线,求出割线的斜率 $\dfrac{\Delta y}{\Delta x}$,再让 $N \to M$(即

$\Delta x \to 0$) 以得到切线的斜率 $f'(x_0)$.

根据导数的定义知道,

$$f'(x_0) = \lim_{\Delta x \to 0} \frac{\Delta y}{\Delta x} = \lim_{\Delta x \to 0} \frac{f(x_0 + \Delta x) - f(x_0)}{\Delta x}.$$

当 Δx 很小时,我们可以将上述极限写成 $\dfrac{\Delta y}{\Delta x} = f'(x_0) + \alpha(\Delta x)$,其中 $\lim\limits_{\Delta x \to 0}\alpha(\Delta x) = 0$.

将其变形为

$$\Delta y = f'(x_0)\Delta x + \alpha(\Delta x)\Delta x.$$

注意到 $\lim\limits_{\Delta x \to 0} \dfrac{\alpha(\Delta x)\Delta x}{\Delta x} = \lim\limits_{\Delta x \to 0}\alpha(\Delta x) = 0$,所以当 $\Delta x \to 0$ 时,$\alpha(\Delta x)\Delta x$ 是 Δx 的高阶无穷小量:

$\alpha(\Delta x)\Delta x = o(\Delta x)(\Delta x \to 0)$,于是在 x_0 的一个邻域内有

$$\Delta y = f'(x_0)\Delta x + o(\Delta x). \tag{3.3}$$

(3.3)式表明,函数的增量 $\Delta y = f(x_0 + \Delta x) - f(x_0)$ 由两部分组成:Δx 的线性部分 $f'(x_0)\Delta x$ 和 Δx 的高阶无穷小量部分 $o(\Delta x)$.我们将 Δx 的线性部分 $f'(x_0)\Delta x$ 称为函数 $y = f(x)$ 在 x_0 处的**微分**,同时称函数 $y = f(x)$ 在 x_0 处**可微**,记为

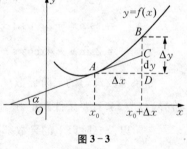

$$dy\,|_{x=x_0} = f'(x_0)\Delta x. \tag{3.4}$$

由此,函数在一点 x_0 的微分就是函数增量 Δy 关于自变量增量 Δx 的线性部分,即在点 x_0 的微分就是函数在 x_0 的一个邻域内(局部)的线性近似(见图 3-3):$\Delta y \approx dy$.

图 3-3

由图 3-3,曲线 $y = f(x)$ 在点 A 处的切线的纵坐标增量 CD 就是函数 $y = f(x)$ 在点 x_0 处的微分 dy,而 $y = f(x)$ 在点 x_0 的增量为 $\Delta y = f(x_0 + \Delta x) - f(x_0) = BD$. 从图 3-3 可以看出,$\Delta x$ 越小,dy 与 Δy 接近程度就越高,两者之间的差是 Δx 的高阶无穷小量 $o(\Delta x)$,因而在点 A 附近的曲线段可用切线段来近似代替.

由 $\Delta y \approx dy$,以及 $\Delta y = f(x_0 + \Delta x) - f(x_0)$,$dy = f'(x_0)\Delta x$,得到近似公式

$$f(x_0 + \Delta x) \approx f(x_0) + f'(x_0)\Delta x. \tag{3.5}$$

用 $\Delta x = x - x_0$ 代入,当 x 非常接近 $x_0(|\Delta x|$ 很小)时,

$$f(x) \approx f(x_0) + f'(x_0)(x - x_0), \tag{3.6}$$

即在 x_0 的附近的一个局部范围内,函数 $y = f(x)$ 可以近似地用 x 的一次函数(即线性函数)$f(x_0) + f'(x_0)(x - x_0)$ 来近似,所以,微分本质就是函数在局部的线性化.

为了能更好地理解"微分本质就是函数在局部的线性化"这句话的含义,我们对函数 $y = x^2$ 在点 $x = 1$ 处的情形放大仔细考察.如图 3-4,可以看出当 Δx 非常接近 0 时,在 $x_0 = 1$ 附近,曲线 $y =$

$f(x)$ 与直线 $y = f(x_0) + f'(x_0)(x - x_0)$ 差距非常小,例如当 $\Delta x = 0.1$ ($0.9 \leqslant x \leqslant 1.1$) 时,由图 3 - 4 第三个图显示,两者之间几乎看不出差别了!

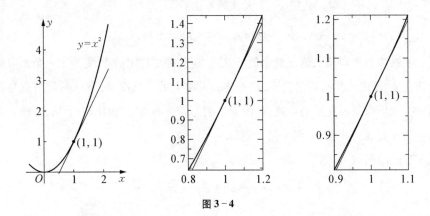

图 3 - 4

局部线性化的思想在数学中有着非常重要的意义.学习数学的一个重要方法就是"化难为易",而线性函数(或称一次函数)是最简单的函数,我们在初中就熟悉它了.将一个难的、复杂的函数在局部变成一个最简单的线性函数来研究,能不是一个好方法吗? 实际上,这种"线性化"以及类似的方法贯穿于整个数学中.

学习数学,学会计算固然重要,但更重要的是要学会运用数学的思想去处理和解决各种问题.

在微分中,自变量的增量 Δx 往往记为 $\mathrm{d}x$,于是 $\mathrm{d}y = f'(x_0)\mathrm{d}x$,从而可以得到 $\dfrac{\mathrm{d}y}{\mathrm{d}x}\bigg|_{x=x_0} = f'(x_0)$. 所以,有时也称导数为"**微商**",即微分的商.

如果函数 $f(x)$ 在区间 I 上的每一点都是可微的,就称 $f(x)$ 在区间 I 上可微.函数 $f(x)$ 在区间 I 上任意点 x 的微分,称为函数的微分,记作 $\mathrm{d}y$ 或 $\mathrm{d}f(x)$,即

$$\mathrm{d}y = f'(x)\Delta x.$$

将 Δx 记为 $\mathrm{d}x$,于是微分又可记作

$$\mathrm{d}y = f'(x)\mathrm{d}x.$$

欣赏 无穷小量的故事

在牛顿创建微积分之前,已经有许多数学家运用无穷小量进行研究,如法国数学家费马(就是提出费马大定理的那位,图 3 - 5)运用无穷小量得出了令人惊奇的正确结论.可是无穷小量是什么? 在那时却难以解释清楚.下面就来看费马的神奇证明.

从古希腊到文艺复兴,大家都认为周长一定的矩形以正方形围成的面积最大.这是一个完全正确的命题,但是,没有人能够证明其正确.费马运用无穷小量加以论证.在当时,人们认为无穷小量就是"既是 0 又不是 0 的量".下面是费马的论证过程.

图 3 - 5 费马
(Fermat, Pierre de,
1601—1665)

设矩形的二分之一周长是 a,假设当矩形的两个邻边为 $a-b$, b 时面积最大.要证明,面积最大时是正方形,即只要证明 $2b = a$.

任取无穷小量 γ,那么可以猜想(一个天才的想法)

$$b(a - b) = (b + \gamma)[a - (b + \gamma)]. \tag{3.7}$$

费马认为,在变量取得最大值或最小值的地方,运动都是稳定的.自变量加一个无穷小量 γ 进去,函数值不会变化.比如我们站在二楼,看一楼的人向上丢一只皮球,当球的最高点与我们的视觉基本平行时,我们会觉得在最高点处,好像有一刹那球是不动的,很稳定.于是,这样一个明明不等的式子,因为 γ 是无穷小量,就似乎是合理的.

展开(3.7)式的两边,得到

$$ba - b^2 = ba - b^2 + a\gamma - 2b\gamma - \gamma^2,$$

整理后有 $a\gamma - 2b\gamma - \gamma^2 = \gamma(a - 2b - \gamma) = 0,$

因为 $\gamma \neq 0$,约去,得 $(a - 2b) - \gamma = 0,$

又因为 γ 是无穷小量,看成是 0,可以略去,立刻得到结论 $a = 2b$. 结论成立.

这段论证,在逻辑上确实是有漏洞的,一会儿说无穷小量 γ 不是 0,可以约去,一会儿又说 γ 等于 0.但是正是因为费马这些先辈的大胆探索,推动了数学的发展,才有微积分的诞生.在本章开始时曾经说过,求最大最小值问题是微积分产生的三大原因之一,这个例子强力支持了这个说法.

二、微分基本公式与运算法则

从函数的微分表达式 $dy = f'(x)dx$ 可以看出,要计算函数的微分,只要计算函数的导数,再乘以自变量的微分即可.由此可得如下微分公式和微分运算法则.

1. 微分公式

(1) $d(C) = 0$ (C 是常数).

(2) $d(x^\alpha) = \alpha x^{\alpha-1}dx$ (α 为任何实数).

(3) $d(\sin x) = \cos x dx$, $d(\cos x) = -\sin x dx$,

$$d(\tan x) = \frac{1}{\cos^2 x}dx, \quad d(\cot x) = -\frac{1}{\sin^2 x}dx.$$

(4) $d(\arcsin x) = \dfrac{1}{\sqrt{1 - x^2}}dx$ ($|x| < 1$),

$$d(\arctan x) = \frac{dx}{1 + x^2}.$$

(5) $d(e^x) = e^x dx$, $d(a^x) = a^x \ln x dx$ (常数 $a > 0$, $a \neq 1$).

(6) $d(\ln x) = \dfrac{dx}{x}$, $d(\log_a x) = \dfrac{1}{x \ln a}dx$ (常数 $a > 0$, $a \neq 1$).

2. 微分运算法则

（1）$\mathrm{d}[u(x) \pm v(x)] = \mathrm{d}u(x) \pm \mathrm{d}v(x)$.

（2）$\mathrm{d}[u(x)v(x)] = v(x)\mathrm{d}u(x) + u(x)\mathrm{d}v(x)$,

$\mathrm{d}[ku(x)] = k\mathrm{d}u(x)$，$k$ 为常数.

（3）$\mathrm{d}\left[\dfrac{u(x)}{v(x)}\right] = \dfrac{v(x)\mathrm{d}u(x) - u(x)\mathrm{d}v(x)}{v^2(x)}$，$v(x) \neq 0$.

例 1 求下列函数的微分：

（1）$y = \sqrt{x} + \arctan x$； （2）$y = x^2 \sin x$； （3）$y = \sqrt{\cos x}$； （4）$y = \dfrac{\ln^2 x}{x}$.

解 （1）根据微分的运算法则 1，有

$$\mathrm{d}y = \mathrm{d}(\sqrt{x} + \arctan x) = \mathrm{d}\sqrt{x} + \mathrm{d}\arctan x = \frac{1}{2\sqrt{x}}\mathrm{d}x + \frac{1}{1+x^2}\mathrm{d}x$$

$$= \left(\frac{1}{2\sqrt{x}} + \frac{1}{1+x^2}\right)\mathrm{d}x.$$

（2）根据微分的运算法则 2，有

$$\mathrm{d}y = \mathrm{d}(x^2 \sin x) = \sin x \mathrm{d}(x^2) + x^2 \mathrm{d}(\sin x)$$

$$= 2x\sin x \mathrm{d}x + x^2 \cos x \mathrm{d}x$$

$$= (2x\sin x + x^2\cos x)\mathrm{d}x.$$

（3）这是一个复合函数，为方便，先求导数.因为 $y' = \dfrac{-\sin x}{2\sqrt{\cos x}}$，所以

$$\mathrm{d}y = y'\mathrm{d}x = \frac{-\sin x}{2\sqrt{\cos x}}\mathrm{d}x.$$

（4）**解法一** 先求导数，因为

$$y' = \left(\frac{\ln^2 x}{x}\right)' = \frac{x(\ln^2 x)' - \ln^2 x \cdot x'}{x^2} = \frac{x \cdot \dfrac{1}{x}2\ln x - \ln^2 x}{x^2}$$

$$= \frac{2\ln x - \ln^2 x}{x^2},$$

所以 $\mathrm{d}y = \dfrac{(2\ln x - \ln^2 x)}{x^2}\mathrm{d}x$.

解法二 根据微分的运算法则 3，有

$$dy = \frac{x d(\ln^2 x) - \ln^2 x dx}{x^2} = \frac{x \cdot \dfrac{1}{x} 2\ln x dx - \ln^2 x dx}{x^2}$$

$$= \frac{(2\ln x - \ln^2 x)}{x^2} dx.$$

例 2　求函数 $y = x^5$ 在 $x = 1$ 处, 当 $\Delta x = 0.05$ 时的微分.

解　因为 $y'|_{x=1} = 5x^4|_{x=1} = 5$, 所以

$$dy\Big|_{\substack{x=1 \\ \Delta x = 0.05}} = y'|_{x=1} \cdot \Delta x|_{\Delta x = 0.05} = 5 \times 0.05 = 0.25.$$

例 3　用微分导出近似公式: 当 $|x|$ 很小时, 有 $\ln(1 + x) \approx x$.

解　根据(3.6)式, 当 x 非常接近 x_0 时, 有

$$f(x) \approx f(x_0) + f'(x_0)(x - x_0).$$

现设 $f(x) = \ln(1 + x)$, $x_0 = 0$. 于是当 x 与 0 很接近时, 有

$$f(x) \approx f(0) + f'(0)x, \tag{3.8}$$

由于

$$f(0) = \ln(1 + 0) = 0,\ f'(0) = \frac{1}{1 + x}\Big|_{x=0} = 1,$$

代入(3.8), 有

$$\ln(1 + x) \approx x.$$

这样就得到了, 当 $|x|$ 很小时, 有近似公式 $\ln(1 + x) \approx x$. 比如, $\ln(1.02) \approx 0.02$.
用同样的方法, 可以得到下面近似公式: 当 $|x|$ 很小时

$$\sin x \approx x,\ e^x - 1 \approx x.$$

于是可以求出,

$$\sin \frac{\pi}{180} = \sin 1° \approx \frac{\pi}{180} \approx 0.017\,45, \text{而 } e^{0.1} \approx 1 + 0.1 \approx 1.1.$$

在使用上述近似公式时一定要注意 $|x|$ 很小这个条件(比如 $|x| < 0.2$), 当 $|x|$ 比较大时, 其精度会大大下降, 原因在于我们是用线性函数来进行近似的. 为了得到更高的近似精度, 就需要用精度更高的多项式函数来近似. 这个内容已经超出本书范围, 有兴趣的读者可以查阅书后所列的参考书目 5 的第 4.3 节.

在中小学数学课本中读者曾经碰到过一些数学用表, 如对数表、三角函数表等, 当时可能不清楚如此庞大的表是怎么来的. 现在知道了, 表中给出的数值都是通过类似的近似计算得到的.

例 4　经济学中的边际问题.比如边际成本,就是每增加一单位产量引起的总成本的增加量,实质是一个微分问题,其结果是用导数来表示边际成本.具体如下:

设成本函数为 $C = C(x)$(其中 x 表示产量),当产量在原产量 x_0 的基础上变动 Δx 时,成本的变化量(即边际成本)是 $\Delta C = C(x_0 + \Delta x) - C(x_0)$,由于产量增加量至少是 1,即 Δx 的最小单位是 1,所以根据微分定义:$\Delta C \approx \mathrm{d}C$,即

$$\Delta C = C(x_0 + \Delta x) - C(x_0) \approx C'(x_0)\Delta x = C'(x_0).$$

因此可以用成本函数的导数近似地替代成本增量 ΔC.在实际应用中,一般导数比成本函数的增量 ΔC 更容易计算,这种替代得到了广泛的认同.

§3　微分中值定理和导数的应用

一、拉格朗日中值定理和函数的平均变化率

拉格朗日(Joseph Louis Lagrange, 1736—1813),如图 3-6 所示,微分中值定理是局部与整体沟通的桥梁.

▲ **定理 1(拉格朗日中值定理)**　如果函数 $f(x)$ 在闭区间 $[a, b]$ 上的每一点都连续,在开区间 (a, b) 上的每一点都可导,那么至少存在一个实数 $\xi \in (a, b)$,使得

$$f'(\xi) = \frac{f(b) - f(a)}{b - a}. \tag{3.9}$$

图 3-6

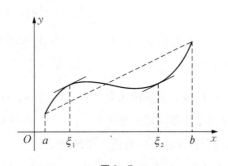

图 3-7

公式(3.9)称为**拉格朗日公式**,它的几何解释见图 3-7,即在曲线上至少有一点的斜率等于曲线两个端点连线的斜率.

拉格朗日公式右边 $\dfrac{f(b) - f(a)}{b - a}$ 表示函数在区间 $[a, b]$ 上函数的平均变化率(是整体性质),左边 $f'(\xi)$ 是表示在 $\xi \in (a, b)$ 处函数的瞬时变化率(是局部性质).如果将函数 $y = f(x)$ 看成是一个位移函数(本章的 §1),x 是时间变量,则(3.9)式表明在时间段 $[a, b]$ 上平均速度等于其中

某一时刻 $\xi \in (a, b)$ 的瞬时速度.所以有时也称拉格朗日中值定理为"**平均值定理**".

拉格朗日中值定理是一个非常深刻的结果,它将函数 $f(x)$ 与导函数 $f'(x)$ 联系起来了:把 $f'(x)$ 局部性质研究透了,$f(x)$ 的整体性质就可以借助 $f'(x)$ 局部性质得到深化(下面就可以体会到).这又是一个典型的存在性定理,即定理中的 ξ 只是肯定存在于 a、b 之间,但不知道它的确切位置.

(3.9)式还可以写成 $f(b) - f(a) = f'(\xi)(b - a)$,于是对于区间内的任意两点 $x, x_0 \in [a, b]$,有 $f(x) - f(x_0) = f'(\xi)(x - x_0)$,或者

$$f(x) = f(x_0) + f'(\xi)(x - x_0), \tag{3.10}$$

其中 ξ 是介于 x 与 x_0 之间的实数.

将(3.10)与(3.6)比较后看出,两者之间的差别在于(3.6)是近似式,而(3.10)是等式;(3.6)的导数是 $f'(x_0)$,是确定的值,而(3.10)中的导数是 $f'(\xi)$,ξ 确切位置不知.这个差别决定了两个公式的不同作用:理论推导用(3.10)式,近似计算用(3.6)式.

利用拉格朗日中值定理,马上可以得到下面的结论:

▲**推论 1** 如果函数 $f(x)$ 在开区间 (a, b) 上的导数恒为 0,即对任意 $x \in (a, b)$,总有 $f'(x) = 0$,则 $f(x)$ 在区间 (a, b) 上恒等于一个常数.

证 只要证明,对于任意 $x \in (a, b)$,$f(x)$ 都与 (a, b) 中的一个定点 x_0 上的值 $f(x_0)$ 相等即可.现在取定点 $x_0 = \dfrac{a + b}{2} \in (a, b)$,则对任意的 $x \in (a, b)$,无论 x 与 x_0 的大小关系如何,它们总可以形成一个闭区间 $[x, x_0]$ 或 $[x_0, x]$(记为 I).在这个闭区间上用拉格朗日中值公式(3.10),则存在 $\xi \in I \subset (a, b)$,使得

$$f(x) = f(x_0) + f'(\xi)(x - x_0),$$

注意到对任意的 $x \in (a, b)$,$f'(x) = 0$,所以有 $f(x) = f(x_0)$,因此函数 $f(x)$ 在区间 (a, b) 上是一个常数.

$f'(x)$ 在每点为零转化为 $f(x)$ 在区间 (a, b) 上是常数,从 $f'(x)$ 局部性质得到了 $f(x)$ 的整体性质,这就是中值定理的威力!

从这个推论还可以有进一步的结论:

▲**推论 2** 如果两个函数 $f(x), g(x)$ 在区间 (a, b) 上的导数相等,$f'(x) = g'(x)$,则在 (a, b) 上,$f(x)$ 与 $g(x)$ 相差一个常数 C,即 $f(x) = g(x) + C$.

这是因为函数 $h(x) = f(x) - g(x)$ 导数为零,从而是一个常数.

当 $f'(x)$ 的局部性质容易把握,而 $f(x)$ 整体性质较难把握时,中值定理就显现出其巨大的威力了,请看下例.

例 1 证明当 $-1 \leqslant x \leqslant 1$ 时,有 $\arcsin x + \arccos x = \dfrac{\pi}{2}$.

证 设 $f(x) = \arcsin x + \arccos x$，则 $f(x)$ 在 $[-1, 1]$ 上连续，在 $(-1, 1)$ 可导，满足拉格朗日中值定理的条件，其导数

$$f'(x) = \frac{1}{\sqrt{1-x^2}} - \frac{1}{\sqrt{1-x^2}} = 0, \ x \in (-1, 1),$$

所以根据中值定理的推论 1，$f(x)$ 在区间 $(-1, 1)$ 上是一个常数 C，而

$$C = f(0) = \arcsin 0 + \arccos 0 = \frac{\pi}{2},$$

$$f(1) = \arcsin 1 + \arccos 1 = \frac{\pi}{2} + 0 = \frac{\pi}{2},$$

$$f(-1) = \arcsin(-1) + \arccos(-1) = -\frac{\pi}{2} + \pi = \frac{\pi}{2}.$$

因此当 $-1 \leqslant x \leqslant 1$ 时，有 $\arcsin x + \arccos x = \frac{\pi}{2}$.

要验证在闭区间 $[-1, 1]$ 上 $\arcsin x + \arccos x \equiv \frac{\pi}{2}$ 极其困难，而验证函数 $f(x) = \arcsin x + \arccos x$ 的导数在 $(-1, 1)$ 上恒为零却简单得多，这时运用微分中值定理就一举解决问题了！

二、微分中值定理的应用

接下来将继续发挥微分中值定理的威力，来解决函数单调性、极值、不定式极限等问题.

1. 函数的单调性

首先对微分中值公式 (3.9) 作一个变形：对于区间 $[a, b]$ 中任何两点 $x_1 < x_2$，有

$$f(x_2) - f(x_1) = f'(\xi)(x_2 - x_1), \ \xi \in (x_1, x_2). \tag{3.11}$$

如果已经知道 $f'(x)$ 在区间 $[a, b]$ 上恒大于 0（或小于 0），则根据 (3.11) 式，函数 $f(x)$ 单调增加（减少）立刻可知.

▲ **定理 2** （1）如果函数 $f(x)$ 在区间 (a, b) 上恒有 $f'(x) > 0$（或 $f'(x) \geqslant 0$），则函数 $f(x)$ 在区间 (a, b) 上严格单调增加（或单调增加）；

（2）如果函数 $f(x)$ 在区间 (a, b) 上恒有 $f'(x) < 0$（或 $f'(x) \leqslant 0$），则函数 $f(x)$ 在区间 (a, b) 上严格单调减少（或单调减少）.

区间上的单调性是整体性质（需要与其他点比较，孤立一点是没有单调性可言的，因此是整体的性质），导数在每一点的符号则是局部性质.微分中值定理把两者连接起来了，我们虽然不知道老药师"ξ"在山中的什么地方，但凭借他的崇高声望，我们仍然可以解决问题.

图 $3-8$ 是定理的几何解释.

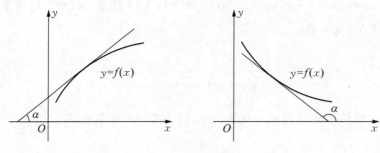

图 3−8

例 2　证明函数 $f(x) = x^2$ 在无穷区间 $[0, +\infty)$ 上是严格单调增加的.

证　根据定理 2,只要证明当 $x > 0$ 时, $f(x) = x^2$ 的导数大于 0.

因为当 $x > 0$ 时, $f'(x) = (x^2)' = 2x > 0$,所以 $f(x) = x^2$ 在 $[0, +\infty)$ 上是严格单调增加的.

利用函数的单调性还可以证明一些不等式.

例 3　证明当 $x > 0$ 时,有 $\sin x \leqslant x$.

证　为了利用定理 2,需要先找出一个单调函数,为此设 $f(x) = \sin x - x$, 于是当 $x > 0$ 时, $f'(x) = \cos x - 1 \leqslant 0$,所以 $f(x) = \sin x - x$ 是 $[0, +\infty)$ 上的单调减少函数.因此当 $x > 0$ 时, $f(x) \leqslant f(0) = 0$,也就是 $\sin x - x \leqslant 0$,即 $\sin x \leqslant x$.

例 4　证明不等式 $\mathrm{e}^x > 1 + x$,当 $x > 0$ 时成立.

证　令 $f(x) = \mathrm{e}^x - 1 - x$,则当 $x > 0$ 时, $f'(x) = \mathrm{e}^x - 1 > 0$,所以 $f(x)$ 在 $x \geqslant 0$ 时是严格单调增加的,因此当 $x > 0$ 时, $f(x) > f(0) = 0$,即 $\mathrm{e}^x - 1 - x > 0$,移项即得 $\mathrm{e}^x > 1 + x \ (x > 0)$.

从上面两个例子看到,利用函数单调性证明不等式的一般方法是:先将不等式的右边项移到左边设为 $f(x)$,然后证明 $f(x)$ 具有单调性,最后得出不等式.

例 5　求函数 $y = \ln(1 + x^2)$ 的单调区间.

解　就是要找出导数取正号和负号的区间,为此令 $y' = \dfrac{2x}{1 + x^2} = 0$,得到 $x = 0$.当 $x < 0$ 时, $y' = \dfrac{2x}{1 + x^2} < 0$;当 $x > 0$ 时, $y' = \dfrac{2x}{1 + x^2} > 0$.所以, $y = \ln(1 + x^2)$ 在区间 $(-\infty, 0]$ 上严格单调减少,在区间 $[0, +\infty)$ 上严格单调增加.

2. 函数的极值和最值

先给出极值的概念.极值是极大值和极小值的统称,所谓极大值就是相对的最大值,或者说是**局部范围内**的最大值.

图 3−9 中图形表示的函数 $y = f(x)$ 在 x_1 处的值 $f(x_1)$ 在局部范围内是最小值,但从整体看,它并不是最小的,所以 $f(x_1)$ 是极

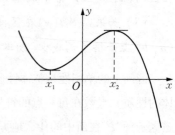

图 3−9

小值.

▲**定义 1**　设函数 $f(x)$ 在 x_0 的某个邻域 $U(x_0;\delta)$ 有定义,如果对一切 $x\in U(x_0;\delta)$,恒有 $f(x_0)\geqslant f(x)$($或 f(x_0)\leqslant f(x)$),则称 $f(x_0)$ 是函数 $f(x)$ 的一个**极大值**(或**极小值**),同时称点 x_0 是函数 $f(x)$ 的一个**极大值点**(或**极小值点**).

函数的极大值、极小值统称为**极值**,极大值点、极小值点统称为**极值点**.

要求出极值,只要找到极值点就行.那么怎样才能找出极值点呢? 换句话说,函数的极值点上有什么特殊的性质,使我们能一下子就找到它?

请观察图 3-9,在极值点处,如果曲线有切线(函数可导),那么,这条切线一定是与 x 轴平行的,也就是在这点处的导数是零.回想上一节的费马证明,费马认为在变量取得最大值或最小值的地方,运动都是稳定的,稳定就是导数为零.

于是就有下面的费马定理.

▲**定理 3(费马定理)**　若 x_0 是函数 $f(x)$ 的极值点,并且 $f'(x_0)$ 存在,则必有 $f'(x_0)=0$.

定理说明,如果函数在极值点处可导,那么导数为零.我们称导数为零的点为**驻点**.于是一个函数的极值点包含在它的驻点中,这就是函数在极值点上的特殊性质,我们可以根据这一性质找出极值点.

例 6　函数 $y=x^2$ 与 $y=x^3$ 在 $x=0$ 处的导数:$(x^2)'|_{x=0}=2x|_{x=0}=0$,$(x^3)'|_{x=0}=3x^2|_{x=0}=0$ 都是 0,所以 $x=0$ 是这两个函数的驻点.但是明显地,0 是 $y=x^2$ 的极小值点,却不是 $y=x^3$ 的极值点.

而函数 $y=|x|$ 在 $x=0$ 处导数不存在(§1 例 11),但却在 $x=0$ 处取极小值.

所以,除了驻点,导数不存在的点也有可能是极值点.如何判别这些点是否为极值点呢?

还是先观察图 3-9,可以看出,在极值点的两边,导数(或者切线的斜率)是要变号的:当 x 由小变大时,导数由负变正(从图形看是先下坡后上坡),此时的 x_1 是极小值点,导数由正变负(先上坡后下坡),此时的 x_2 是极大值点.总结起来就是下面的定理.

▲**定理 4(判断极值点的充分条件)**　设函数 $f(x)$ 在包含 x_0 的某开区间 $(x_0-\delta,\ x_0+\delta)$ 上连续,在 $(x_0-\delta,\ x_0)\cup(x_0,\ x_0+\delta)$ 上可导,如果

(1) 在区间 $(x_0-\delta,\ x_0)$ 上,$f'(x)>0$(或<0),

(2) 在区间 $(x_0,\ x_0+\delta)$ 上,$f'(x)<0$(或>0),

则 x_0 是 $f(x)$ 的**极大值点**(或**极小值点**),即 $f(x_0)$ 是 $f(x)$ 的**极大值**(或**极小值**).

有了这些理论准备,回头来看费马的矩形问题.

例 7　在边长一定的矩形中,正方形的面积最大.

证　(1) 现在的证明.

设矩形的二分之一周长为一个定数 a,相邻两边长分别为 x 与 $a-x$,则矩形面积 $S=x(a-$

$x) = ax - x^2.$ 令 $S' = a - 2x = 0$, 得驻点 $x = \dfrac{a}{2}$.

当 $x < \dfrac{a}{2}$ 时, $S' = a - 2x > 0$; 当 $x > \dfrac{a}{2}$ 时, $S' = a - 2x < 0$, 所以 $x = \dfrac{a}{2}$ 是极大值点. 因此,

当矩形两边长分别是 $x = \dfrac{a}{2}$, $a - x = \dfrac{a}{2}$ 时, 即矩形是正方形时, 面积最大.

(2) 费马证明的完善. 顺着费马的思路, 但我们使用极限.

设 $a-b$, b 是所求的解, 或者说 b 是极值点, 于是 $S'(b) = 0$, 即

$$
\begin{aligned}
0 &= \lim_{h \to 0} \frac{S(b+h) - S(b)}{h} = \lim_{h \to 0} \frac{(b+h)\left[a - (b+h)\right] - b(a-b)}{h} \\
&= \lim_{h \to 0} \frac{ba - b^2 - bh + ah - bh - h^2 - ba + b^2}{h} \\
&= \lim_{h \to 0} \frac{ah - 2bh - h^2}{h} = \lim_{h \to 0}(a - 2b - h) \\
&= a - 2b.
\end{aligned}
$$

所以, 面积最大时, 满足 $a = 2b$, 即是正方形.

这里 $S(b) = b(a-b)$, $S(b+h) = (b+h)\left[a - (b+h)\right]$ 分别是 (3.7) 式的两边, 在极限过程中先是约去了无穷小量 h (因为在极限过程中 $h \neq 0$), 最后极限完成, $h \to 0$ 得到 $a - 2b = 0$.

例 8 求函数 $f(x) = x^3 - 3x$ 的极值.

解 令 $f'(x) = 3x^2 - 3 = 3(x^2 - 1) = 0$, 得到驻点 $x = -1$ 和 $x = 1$. 下面讨论 $f'(x)$ 在 $x = -1$ 和 $x = 1$ 附近的符号变化情况, 以确定是否为极值点.

因为当 $x < -1$ 时, $f'(x) > 0$; $-1 < x (< 1)$ 时, $f'(x) < 0$, 所以 $x = -1$ 是函数的极大值点, 极大值为 $f(-1) = 2$.

而当 $(-1 <) < x < 1$ 时, $f'(x) < 0$; $x > 1$ 时, $f'(x) > 0$, 所以 $x = 1$ 是函数的极小值点, 极小值为 $f(1) = -2$.

例 9 函数 $f(x) = \sqrt[3]{x}$ 没有极值.

解 因为 $f'(x) = \dfrac{1}{3\sqrt[3]{x^2}}$, 除了有一个不可导点 $x = 0$ 外, 其余导数都不为零, 所以 $x = 0$ 是极值点的可疑点. 但是当 $x \neq 0$ 时, $f'(x) > 0$, 因此在 $x = 0$ 的两边 $f'(x)$ 不变号, 所以 $x = 0$ 不是 $f(x) = \sqrt[3]{x}$ 极值点.

例 10 求函数 $y = x^3 - 4x^2 + 4x + 1$ 的单调区间与极大、极小值.

解 令 $y' = 3x^2 - 8x + 4 = (x-2)(3x-2) = 0$, 得驻点 $x = 2$, $x = \dfrac{2}{3}$. 为了得到单调性和

极值,用得到的驻点将函数定义域$(-\infty,+\infty)$分成三个小区间,讨论函数在三个小区间上的符号,来确定单调性,求出极值.为此列表3.1讨论如下:

表 3.1

x	$\left(-\infty,\dfrac{2}{3}\right)$	$\dfrac{2}{3}$	$\left(\dfrac{2}{3},2\right)$	2	$(2,+\infty)$
$f'(x)$	+	0	-	0	+
$f(x)$	递增↗	极大值	递减↘	极小值	递增↗

所以,函数的单调增加区间为$\left(-\infty,\dfrac{2}{3}\right]$,$[2,+\infty)$;单调减少区间为$\left[\dfrac{2}{3},2\right]$.当$x=\dfrac{2}{3}$时有极大值$f\left(\dfrac{2}{3}\right)=\dfrac{59}{27}$;当$x=2$时有极小值$f(2)=1$.

下面讨论函数最大值和最小值问题.

由第二章闭区间上连续函数的最大、最小值定理知道,在闭区间上连续的函数,其函数值一定存在最大值和最小值.取得最大值或最小值的点,称为**最大值点**和**最小值点**,简称**最值点**.

极大(小)值是局部的最大(小)值,是局部的性质,而最大值和最小值则是区间上的整体性质,所以面对"最值在哪里能找到?"这样的问题,应该马上就能回答:最大(小)值只可能在极大(小)值点,或者是闭区间端点上取得,其他点都不可能.

所以,求函数$f(x)$在闭区间$[a,b]$上最大值与最小值的方法为:首先求出$f(x)$在开区间(a,b)上的驻点和不可导点,然后求出$f(x)$在这些驻点和不可导点处的函数值,以及$f(x)$在端点$x=a$,$x=b$处的函数值,比较这些值的大小,最大的就是函数在这个闭区间上的最大值,最小的就是最小值.

这里需要读者思考的是:驻点和不可导点只是极值点的可疑点,为什么不去判定它们是否为极值点呢?

例 11 求三角函数$y=\sin x$在$[-\pi,\pi]$上的最大值和最小值.

解 $f(x)=\sin x$的图形见图3-10.从图上就可以得到函数

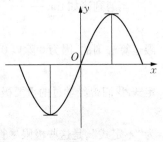

图 3-10

在$x=-\dfrac{\pi}{2}$处取得最小值-1,在$x=\dfrac{\pi}{2}$处取得最大值1.

下面用规范的方法求出最值.首先求函数的驻点,令$f'(x)=\cos x=0$,得到$(-\pi,\pi)$中的驻点$x=\pm\dfrac{\pi}{2}$;其次,计算驻点和端点处的函数值,得到:$f\left(\dfrac{\pi}{2}\right)=1$,$f\left(-\dfrac{\pi}{2}\right)=-1$,$f(-\pi)=f(\pi)=$

0.通过比较大小得到,三角函数$f(x)=\sin x$在$x=-\dfrac{\pi}{2}$处取最小值(也是极小值)-1;在$x=\dfrac{\pi}{2}$取最大值(也是极大值)1.

例 12 求函数 $f(x) = x^3 - 3x$ 在区间 $[-3, 3]$ 上的最大值和最小值.

解 由例 8 已经知道,这个函数在开区间 $(-3, 3)$ 上有两个驻点 $x = -1$, $x = 1$,分别是极大值点和极小值点;函数在两个驻点和两个端点的值分别为:$f(-1) = 2$, $f(1) = -2$, $f(-3) = -18$, $f(3) = 18$. 所以最大值和最小值分别是 18 和−18,都是在端点取到.

例 13 制造一个圆柱形有盖饮料罐,其容积是一个定值 V,底面半径是 r,高为 h. 求底面半径 r 和高 h 为何值时,用料最省(表面积最小)?

解 根据第一章习题 9,可知饮料罐表面积 S 与 r 和 h 的函数关系为

$$S = 2\pi rh + 2\pi r^2.$$

又因为 $V = \pi r^2 h$, 得 $h = \dfrac{V}{\pi r^2}$,代入上式消去 h,有

$$S(r) = \frac{2V}{r} + 2\pi r^2, \ r > 0.$$

这就变为求 $S(r)$ 当 $r>0$ 时的最小值问题.

令

$$S'(r) = -\frac{2V}{r^2} + 4\pi r = \frac{2(2\pi r^3 - V)}{r^2} = 0,$$

得唯一的驻点 $r = \sqrt[3]{\dfrac{V}{2\pi}}$,根据问题的实际意义,最小值是存在的,因此这个驻点就是最小值点.

所以当饮料罐的底面半径 $r = \sqrt[3]{\dfrac{V}{2\pi}}$,高为 $h = \dfrac{V}{\pi r^2} = 2r$ 时,用料最省.

3. 洛必达法则

当遇到诸如 $\lim\limits_{x \to 0} \dfrac{x - \sin x}{x^3}$, $\lim\limits_{x \to +\infty} \dfrac{\ln x}{x}$ 这类分子和分母同时趋于 0 或 ∞ 的极限时,是无法运用极限运算法则的,因为 0 除以 0,或者 ∞ 除以 ∞ 都是没有意义的. 因此将这类极限称为 $\dfrac{0}{0}$ 型和 $\dfrac{\infty}{\infty}$ 型不定式. 我们曾经学过的重要极限 $\lim\limits_{x \to 0} \dfrac{\sin x}{x}$(第二章 §4 例 10)就是一个 $\dfrac{0}{0}$ 型的不定式,之所以称它们为"不定式",是这些极限尽管都是 $\dfrac{0}{0}$ 型的,但是最后结果是不确定的,比如 $\lim\limits_{x \to 0} \dfrac{\sin x}{x} = 1$,而同样是 $\dfrac{0}{0}$ 型极限 $\lim\limits_{x \to 0} \dfrac{\tan 2x}{x} = 2$. 对于这类不定式的极限,我们也可以利用导数来解决.

▲ **定理 5(洛必达法则)** 设 $\lim\limits_{x \to x_0} f(x) = 0$, $\lim\limits_{x \to x_0} g(x) = 0$,如果在 x_0 的一个去心邻域上

$f'(x)$，$g'(x)$ 都存在，$g'(x) \neq 0$，且 $\lim\limits_{x \to x_0} \dfrac{f'(x)}{g'(x)} = A$，则

$$\lim_{x \to x_0} \frac{f(x)}{g(x)} = \lim_{x \to x_0} \frac{f'(x)}{g'(x)} = A.$$

对于 $\lim\limits_{x \to x_0} f(x) = \infty$，$\lim\limits_{x \to x_0} g(x) = \infty$ 的情形，也有相同的结论.

例 14 求下列极限：(1) $\lim\limits_{x \to 0} \dfrac{e^{2x} - 1}{x}$；(2) $\lim\limits_{x \to +\infty} \dfrac{\ln x}{x}$.

解 (1) 这是 $\dfrac{0}{0}$ 型极限，其分子分母的函数都是可导的，因此使用洛必达法则，得

$$\lim_{x \to 0} \frac{e^{2x} - 1}{x} = \lim_{x \to 0} \frac{2e^{2x}}{1} = 2.$$

(2) 这是 $\dfrac{\infty}{\infty}$ 型极限，并且分子分母都可导，使用洛必达法则，得

$$\lim_{x \to +\infty} \frac{\ln x}{x} = \lim_{x \to +\infty} \frac{\dfrac{1}{x}}{1} = \lim_{x \to +\infty} \frac{1}{x} = 0.$$

例 15 求 $\lim\limits_{x \to 0} \dfrac{x - \sin x}{x^3}$.

解 这是 $\dfrac{0}{0}$ 型极限，但发现用了一次洛必达法则后仍旧是 $\dfrac{0}{0}$ 型，此时可以继续使用洛必达法则，直到求出极限为止.于是

$$\lim_{x \to 0} \frac{x - \sin x}{x^3} = \lim_{x \to 0} \frac{1 - \cos x}{3x^2} = \lim_{x \to 0} \frac{\sin x}{6x}$$
$$= \frac{1}{6} \lim_{x \to 0} \frac{\sin x}{x} = \frac{1}{6} \times 1 = \frac{1}{6}.$$

例 16 求 $\lim\limits_{x \to 0^+} x \ln x$.

解 这里 $\lim\limits_{x \to 0^+} x = 0$，而 $\lim\limits_{x \to 0^+} \ln x = \infty$，$0 \cdot \infty$ 的极限也是不定的，也不能根据极限运算法则求出结果.是否也可以使用洛必达法则呢？回答是肯定的，但需要作适当的变形，将 $0 \cdot \infty$ 型不定式变成符合洛必达法则要求的 $\dfrac{0}{0}$ 型或 $\dfrac{\infty}{\infty}$ 型不定式.

因为 $\lim\limits_{x \to 0^+} x \ln x = \lim\limits_{x \to 0^+} \dfrac{\ln x}{\dfrac{1}{x}}$，是 $\dfrac{\infty}{\infty}$ 型极限，所以可以使用洛必达法则，得到

$$\lim_{x \to 0^+} x\ln x = \lim_{x \to 0^+} \frac{\ln x}{\frac{1}{x}} = \lim_{x \to 0^+} \frac{\frac{1}{x}}{\frac{-1}{x^2}}$$

$$= \lim_{x \to 0^+} (-x) = 0.$$

例 17　求 $\lim\limits_{x \to 1}\left(\dfrac{1}{x-1} - \dfrac{1}{\ln x}\right)$.

解　这是两个极限都趋于∞的函数之差,极限运算法则同样是无效的,通过通分变形成为 $\dfrac{0}{0}$ 型或 $\dfrac{\infty}{\infty}$ 型不定式后,就可以使用洛必达法则了.所以有

$$\lim_{x \to 1}\left(\frac{1}{x-1} - \frac{1}{\ln x}\right) = \lim_{x \to 1}\frac{\ln x - x + 1}{(x-1)\ln x} = \lim_{x \to 1}\frac{\frac{1}{x} - 1}{\ln x + \frac{x-1}{x}} = \lim_{x \to 1}\frac{1-x}{x\ln x + x - 1}$$

$$= \lim_{x \to 1}\frac{-1}{2 + \ln x} = -\frac{1}{2}.$$

运用洛必达法则,应注意以下几点:

1. 每次运用洛必达法则之前均应检查是否满足洛必达法则的条件,否则就可能出错.

例 18　求 $\lim\limits_{x \to 0}\dfrac{e^x - \cos x}{x\sin x}$.

解　这是 $\dfrac{0}{0}$ 型不定式极限,运用一次洛必达法则,可得

$$\lim_{x \to 0}\frac{e^x - \cos x}{x\sin x} = \lim_{x \to 0}\frac{e^x + \sin x}{x\cos x + \sin x} = \infty.$$

但若不检验条件就第二次应用洛必达法则,将得出如下错误的结论:

$$\lim_{x \to 0}\frac{e^x - \cos x}{x\sin x} = \lim_{x \to 0}\frac{e^x + \sin x}{x\cos x + \sin x} = \lim_{x \to 0}\frac{e^x + \cos x}{-x\sin x + 2\cos x} = \frac{2}{2} = 1.$$

2. 洛必达法则的条件是充分的,但不是必要的.因此若运用洛必达法则不能解决某不定式极限问题,并不意味着所求极限不存在,而仅表明洛必达法则对此失效,请看下例.

例 19　求 $\lim\limits_{x \to \infty}\dfrac{x + \sin x}{x}$.

解　直接计算可得

$$\lim_{x \to \infty} \frac{x + \sin x}{x} = \lim_{x \to \infty} \frac{1 + \dfrac{\sin x}{x}}{1} = \frac{1 + 0}{1} = 1.$$

但若对此 $\dfrac{\infty}{\infty}$ 型不定式极限运用洛必达法则：

$$\lim_{x \to \infty} \frac{(x + \sin x)'}{(x)'} = \lim_{x \to \infty} \frac{1 + \cos x}{1}$$

不存在，所以这题就不能应用洛必达法则.

3. 使用洛必达法则时，极限 $\lim\dfrac{f'(x)}{g'(x)}$ 应比极限 $\lim\dfrac{f(x)}{g(x)}$ 容易计算，否则就失去洛必达法则的意义.

微课3

思考题

1. 给出一个函数，定义在某区间 (a, b) 上，在 (a, b) 连续，且在 (a, b) 上有两个点不可导，其余点均可导的函数.

2. 设质点做直线运动，其位移 s 与时间 t 的关系是 $s = \dfrac{1}{2}t^2 + 1$，其中 t 的单位是秒，s 的单位是 cm，

(1) 求出 $t = 3$ 到 6 之间的平均速度；

(2) 在区间 $(3, 6)$ 中求一点 t_0，使得在 t_0 的瞬时速度 $s'(t_0)$ 等于 (1) 中求出的平均速度.

请读者根据上面的结果，给出拉格朗日中值定理的物理解释（可以加一些限制条件）.

3. 如何用洛必达法则求极限 $\lim\limits_{x \to 0^+} \dfrac{e^{-\frac{1}{x}}}{x}$？

习 题 三

1. 设 $f'(x_0)$ 和 $f'(0)$ 都存在，求下列极限：

(1) $\lim\limits_{x \to 0} \dfrac{f(x) - f(0)}{x}$;　　　　　　(2) $\lim\limits_{x \to x_0} \dfrac{f(x) - f(x_0)}{x - x_0}$;

(3) $\lim\limits_{h \to 0} \dfrac{f(x_0 + 2h) - f(x_0)}{h}$;　　　　(4) $\lim\limits_{\Delta x \to 0} \dfrac{f(x_0) - f(x_0 - \Delta x)}{\Delta x}$.

2. 函数 $f(x)$ 在 $x = 1$ 处可导,且 $\lim\limits_{\Delta x \to 0} \dfrac{f(1 + 2\Delta x) - f(1)}{\Delta x} = \dfrac{1}{2}$,求 $f'(1)$.

3. 设 $f'(0)$ 存在,且 $f(0) = 0$,求 $\lim\limits_{x \to 0} \dfrac{f(x)}{x}$.

4. 设函数 $f(x) = \begin{cases} x^2, & x \leqslant 1, \\ ax + b, & x \geqslant 1, \end{cases}$ 在 $x = 1$ 可导,求 a、b 的值.

5. 求下列函数的导数:

(1) $y = x^5 - 5\sin x + \ln 7$;

(2) $y = \sqrt{x} + \sqrt[3]{x^2}$,求 $y'\mid_{x = 1}$;

(3) $y = (3x + 2)(4x - 1)$;

(4) $y = \arcsin x \cdot \ln x$;

(5) $y = \dfrac{3}{x^5}$;

(6) $y = \dfrac{\cos x}{e^x}$;

(7) $y = 3\sin x \cdot e^x$;

(8) $y = x^2 \ln x \cos x$;

(9) $y = x\ln x + \dfrac{\ln x}{x}$;

(10) $y = \dfrac{1}{x + \cos x}$;

(11) $y = \dfrac{1 - \ln x}{1 + \ln x}$;

(12) $y = \dfrac{1}{1 - x^2}$;

(13) $y = \dfrac{1 + x - x^2}{1 - x + x^2}$;

(14) $y = (1 + x^2)\arctan x \operatorname{arccot} x$.

6. 求下列复合函数的导数:

(1) $y = (x^2 + 3x)^8$;

(2) $y = \sqrt{x^2 + 2x}$,求 $y'\mid_{x = 1}$;

(3) $y = 4\sin(1 - 3x)$;

(4) $y = e^{x^2 - 3x}$;

(5) $y = \arctan^2 x$;

(6) $y = x\arccos \dfrac{1}{x}$;

(7) $y = \dfrac{\ln(1 + x^2)}{\sin x}$;

(8) $y = \ln(x + \sqrt{1 + x^2})$;

(9) $y = \arctan \dfrac{x + 1}{x - 1}$;

(10) $y = \ln[\ln(\ln x)]$;

(11) $y = \sin^n x \cos nx$;

(12) $y = \arcsin \sqrt{\dfrac{1 - x}{1 + x}}$.

7. 设 $f(x)$ 可导,求函数 $y = f(\sin^2 x) + f(\cos^2 x)$ 的导数.

8. 求下列曲线在指定点所对应点的切线方程:

(1) $y = x^2 \ln x$ 在 $x = 1$ 处;

(2) $y = (x^2 + 1)e^{2x}$ 在 $x = 0$ 处.

9. 求抛物线 $y = x^2$ 上的点,使得过该点的切线分别满足下列条件:

(1) 平行于 x 轴;

(2) 与 x 轴的交角为 $45°$;

(3) 与抛物线上横坐标为 1 和 3 两点的连线平行.

10. 求下列函数的二阶导数:

(1) $y = x\ln x$;

(2) $y = (1 + x^2)\arctan x$;

(3) $y = xe^{-x}$;

(4) $y = \dfrac{1}{x^2 - a^2}$.

11. 求下列函数的微分:

(1) $f(x) = e^x \sin^2 x$;

(2) $y = e^{\sqrt{x}}$;

(3) $y = \arcsin 2x$;

(4) $y = \ln(1 + x^2) - \sqrt{x}$;

(5) $f(x) = \dfrac{\cos x}{1 - x^2}$;

(6) $y = \dfrac{x^2}{1 + x}$.

12. 将适当的函数填入下列括号内,使等式成立:

(1) $2\mathrm{d}x = \mathrm{d}(\qquad)$;

(2) $(2x + 1)\mathrm{d}x = \mathrm{d}(\qquad)$;

(3) $\sin 3x\mathrm{d}x = \mathrm{d}(\qquad)$;

(4) $\dfrac{1}{1 + x}\mathrm{d}x = \mathrm{d}(\qquad)$;

(5) $\dfrac{1}{\sqrt{x}}\mathrm{d}x = \mathrm{d}(\qquad)$;

(6) $\dfrac{1}{\sqrt{1 - x^2}}\mathrm{d}x = \mathrm{d}(\qquad)$;

(7) $e^{3x}\mathrm{d}x = \mathrm{d}(\qquad)$.

13. 指出函数 $y = x - \arctan x$ 在 $(-\infty, +\infty)$ 上是否单调,如果是,是单调增加还是单调减少?

14. 求下列函数的单调区间:(1) $y = e^{x^2 + 4x}$;　(2) $\dfrac{2x}{1 + x^2}$.

15. 利用函数的单调性证明下列不等式:

(1) 当 $x > 0$ 时,$1 + \dfrac{x}{2} > \sqrt{1 + x}$;

(2) 当 $x > 0$ 时,$\dfrac{x}{1 + x} < \ln x < x$.

16. 求下列函数的单调区间和极值:

(1) $y = x^3 - 3x^2 - 9x - 1$;

(2) $y = 2x^3 - x^4$.

17. 求下列函数在指定区间上的最大值和最小值:

(1) $f(x) = x^3 - 4x^2 + 4x + 3, x \in [-1, 3]$;

(2) $y = x + \sqrt{1 - x}, x \in [-5, 1]$.

18. 求下列不定式极限:

(1) $\lim\limits_{x \to -1} \dfrac{x^2 - 6x - 7}{2x^2 + x - 1}$;

(2) $\lim\limits_{x \to 0} \dfrac{\ln(1 + x^2)}{1 - \cos x}$;

(3) $\lim\limits_{x \to 0} \dfrac{e^x - e^{-x}}{\sin x}$;

(4) $\lim\limits_{x \to \frac{\pi}{4}} \dfrac{\tan x - 1}{\sin 4x}$;

(5) $\lim\limits_{x \to 0} \dfrac{\tan x - x}{x - \sin x}$;

(6) $\lim\limits_{x \to 0} \dfrac{1 - \cos x^2}{x^4}$;

(7) $\lim\limits_{x \to +\infty} x^2 e^{-0.1x}$;

(8) $\lim\limits_{x \to 0} \dfrac{\ln(1 + x^2)}{\sin^2 x}$;

(9) $\lim\limits_{x \to 0} \left(\dfrac{1}{\sin x} - \dfrac{1}{x} \right)$;

(10) $\lim\limits_{x \to 0} \left(\dfrac{1}{x} - \dfrac{1}{e^x - 1} \right)$;

(11) $\lim\limits_{x \to 1} \left(\dfrac{x}{x - 1} - \dfrac{1}{\ln x} \right)$.

第四章　变量的累加——积分

上一章学习了导数和微分,主要是要研究函数的瞬时变化率和局部线性化这些局部性质.本章将从曲边围成的平面图形面积开始,研究微分的反问题:变量的累加问题.

§1　艰难的探索——古代求曲边围成图形面积的例子

面积是一个相当原始的直觉概念.我们小时候就能根据直觉分辨面积的大小,如哪张馅饼大,哪张小一些.不过,直到高中毕业,能够求出面积的几何图形却还是少得可怜,并且绝大部分是由直线构成的图形,如矩形、平行四边形、梯形、三角形等,只有圆是例外.

要求用一般曲线围成的图形的面积,是一件困难的事,至少在中学数学中是如此.实际上在微积分产生之前,古代数学家为了求出某些曲线图形的面积做过一些非常精彩的探索,典型的例子有我国古代数学家刘徽的割圆术,以及古希腊阿基米德求抛物弓形面积,这些都是很精彩的数学计算精品.然而,天才的手笔,却又都局限于自身特定的问题,缺乏统一的处理方法,一旦把这两个当年难度很大的研究,登上微积分的高峰一看,"一览众山小",发现不过是统一方法的两个特例而已.

实例一　刘徽的多边形割圆法(图 4 - 1).

三国时代数学家刘徽的割圆术,用正多边形面积近似圆的面积,将圆分割为 192 边形,计算出圆周率在 3.141 024 与 3.142 708 之间.南北朝时期著名数学家祖冲之用刘徽割圆术计算 11 次,分割圆为 12 288 边形,得到圆

图 4 - 1

周率 $\pi \approx \dfrac{355}{113}$(= 3.141 592 9,后人称其为祖率),成为此后千年世界上最准确的圆周率.刘徽运用了无限逼近(其本质是一种极限)的方法求出了圆的面积,至于他的具体做法,自然是非常繁复的,无法在这里讨论.

实例二　阿基米德的弓形面积计算(图 4 - 2).

古希腊的阿基米德证明了抛物弓形 ACB 的面积等于 $\triangle ACB$ 面积的 $\dfrac{4}{3}$ 倍.其中,AB 是抛物线的割线,M 是 AB 的中点,且 CM 平行于抛物线对称轴.

首先,阿基米德证明了弓形 ACB 可以被一连串的三角形"穷尽".这一连串三角形的做法见图 4－2:从 AC、BC 的中点 K、L 各作抛物线对称轴的平行线,分别与抛物线交于 P、Q,得三角形 $\triangle APC$、$\triangle BQC$ 填充于弓形与 $\triangle ACB$ 之间的空隙处.用相同的方法,从 AP、CP、CQ、BQ 的各中点作抛物线对称轴的平行线,交抛物线于四点,又可得四个三角形填充于所剩下的空隙,如此反复进行,就可以得到一连串的三角形.第二步阿基米德证明了这些小三角形的面积和 $\triangle ACB$ 的面积有着简单的关系:

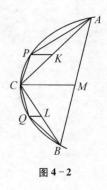

图 4－2

$S_{\triangle APC} = \dfrac{1}{8} S_{\triangle ACB}$、$S_{\triangle BQC} = \dfrac{1}{8} S_{\triangle ACB}$.如果 $\triangle ACB$ 的面积为 A_0,则第一次填空隙的两个三角形面积之和 $A_1 = \dfrac{1}{4} A_0$.同理,第二次填空隙的四个小三角形的每个面积都等于第一次填空隙所用三角形(如 $\triangle APC$)面积的 $\dfrac{1}{8}$,所以总面积和 $A_2 = \dfrac{1}{4} A_1 = \dfrac{1}{4^2} A_0$.以此类推,第 n 次填空隙的三角形面积和 $A_n = \dfrac{1}{4^n} A_0$.于是

$$弓形面积 = A_0 + A_1 + A_2 + \cdots + A_n + \cdots$$

$$= A_0 + \frac{1}{4} A_0 + \frac{1}{4^2} A_0 + \cdots + \frac{1}{4^n} A_0 + \cdots$$

$$= \frac{4}{3} A_0 = \frac{4}{3} S_{\triangle ACB}.$$

注意,最后结果的得到是基于无穷级数的求和,本质上是一种极限,要知道,在当时这是一种很高级的计算技巧.

阿基米德用的方法也是"分割",即将弓形割成一些大小不等的三角形,用这些三角形面积之和加以近似,然后取极限得到精确值.

东方和西方的两个伟大数学家走的是同一条道路:分割,作和,取极限,获得结果.虽然是两个不同的图形,但就数学思想方法而言,都是从局部出发,加以累加,得出整体的结果.

刘徽和阿基米德的工作,都是站在各自具体的几何图形中,把数学家的智慧发挥到了极致.但在没有坐标系的年代,他们都不可能发现隐藏在背后的深刻的数学思想.只有到了笛卡儿的时代,将上面两个问题放在坐标系中来观察,数学家们发现原来这两个问题是可以用一个统一的思想来处理的.由已知速度求路程、已知切线求曲线以及上述求面积等问题,是定积分产生的原始思想.

§2 探索求面积的统一方法——定积分的概念和性质

一、探索求面积的统一方法,从曲边梯形的面积开始

在直角坐标系中观察曲边梯形.如图 4－3 所示,我们称由 x 轴,平行于 y 轴的两条直线 $x = a$,

$x=b$ 与连续曲线 $y=f(x) \geqslant 0$ 所围成的图形为**曲边梯形**.

为了计算曲边梯形的面积,可以借鉴上面两位先贤的做法:将图形切割成小块.但是我们的方法不再是手工作坊那样,对不同的图形用不同的方法,而是在笛卡儿这个现代化"工厂"的"流水线"上采用"标准"化生产方式,用一种统一的"切割法":将曲边梯形一律切割成宽为 Δx,高为 $f(x)$ 的小矩形,然后作求和、求极限运算,这样情况就大不一样了.具体操作规程如下:

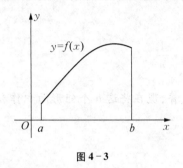

图 4-3

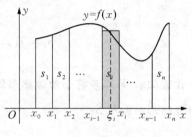

图 4-4

由图 4-4,先把区间 $[a, b]$ 分成 n 个小区间 $[x_{i-1}, x_i]$($i=1, 2, \cdots, n$),在每个小区间 $[x_{i-1}, x_i]$ 上,用其中某一点 ξ_i 的高 $f(\xi_i)$ 来近似地代替同一个小区间上的曲边(即用水平直线代替原先的曲线),将这个小曲边梯形用小矩形代替,并根据矩形的面积公式,求出小矩形的面积 $f(\xi_i)\Delta x_i$($\Delta x_i = x_i - x_{i-1}$,是小矩形的底边长),这是第 i 个小曲边梯形面积的近似值,然后作和 $S = \sum_{i=1}^{n} f(\xi_i)\Delta x_i$,这是曲边梯形面积的近似值,最后求极限:将小矩形的边长 $\Delta x_i \to 0$,从而求出整个曲边梯形的面积.

用这个方法先看一个具体例子.

例 1 求由直线 $x=1$, $y=0$ 与曲线 $y=x^2$ 所围成的曲边梯形的面积(图 4-5).

解 根据上面的思路,为了说明问题,我们采用等分区间,分别用小区间右端点函数值和左端点函数值作为小矩形高的两种方法进行计算,看看这两种极端的取法最终的结果会是什么.具体步骤如下:

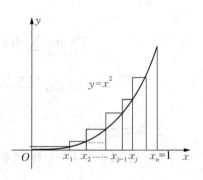

图 4-5

1. 先取右端点.

(1) 分割,将大的化小.首先将区间 $[0, 1]$ n 等分,各分点依次为

$$x_0 = 0, \quad x_1 = \frac{1}{n}, \quad x_2 = \frac{2}{n}, \quad \cdots,$$

$$x_k = \frac{k}{n}, \quad \cdots, \quad x_n = \frac{n}{n} = 1.$$

这样得到 n 个小区间:$[x_{i-1}, x_i]$($i=1, 2, \cdots, n$),每个小区间的长度都一样,为 $\Delta x_i =$

$x_i - x_{i-1} = \dfrac{1}{n}$，于是得到以 $[x_{i-1}, x_i]$ 为底的 n 个小曲边梯形(见图 4-5)，将第 i 个小曲边梯形的面积计为 S_i.

（2）用直边代替曲边，即用矩形来近似 S_i. 用以 $[x_{i-1}, x_i]$ 为底，右端点的函数值 $f(x_i) = \left(\dfrac{i}{n}\right)^2$ 为高的矩形的面积作为 S_i 的近似值：

$$S_i \approx f(x_i) \Delta x_i = \left(\dfrac{i}{n}\right)^2 \cdot \dfrac{1}{n}.$$

（3）作近似和. 第二步将小曲边梯形近似用矩形代替，现在将这 n 个矩形面积作和，来近似代替曲边梯形的面积 S：

$$
\begin{aligned}
S &= S_1 + S_2 + \cdots + S_n \\
&\approx f(x_1) \Delta x_1 + f(x_2) \Delta x_2 + \cdots + f(x_n) \Delta x_n \\
&= \sum_{i=1}^{n} f(x_i) \Delta x_i = \sum_{i=1}^{n} \left(\dfrac{i}{n}\right)^2 \cdot \dfrac{1}{n}.
\end{aligned}
$$

注意，$\displaystyle\sum_{i=1}^{n}$ 是求和记号，表示 i 从 1 一直加到 n 的连续作和.

（4）取极限. 让 $n \to \infty$，即小区间的个数无限增加，这样每个小区间 $[x_{i-1}, x_i]$ 的长度 $\Delta x_i = \dfrac{1}{n} \to 0$（注意，小区间的长度 $\Delta x_i \to 0$ 是关键！），于是近似和就转化为精确值了：

$$
\begin{aligned}
S &= \lim_{n \to \infty} \sum_{i=1}^{n} f(x_i) \Delta x_i = \lim_{n \to \infty} \sum_{i=1}^{n} \left(\dfrac{i}{n}\right)^2 \cdot \dfrac{1}{n} = \lim_{n \to \infty} \sum_{i=1}^{n} i^2 \cdot \dfrac{1}{n^3} \\
&= \lim_{n \to \infty} \dfrac{n(n+1)(2n+1)}{6} \dfrac{1}{n^3} = \dfrac{1}{3}.
\end{aligned}
$$

2. 再取左端点.

（1）分割与右端点一样. 记第 i 个小曲边梯形的面积为 S_i.

（2）直边代替曲边. 用以 $[x_{i-1}, x_i]$ 为底，左端点的函数值 $f(x_{i-1}) = \left(\dfrac{i-1}{n}\right)^2$ 为高的矩形的面积作为 S_i 的近似值：

$$S_i \approx f(x_{i-1}) \Delta x_i = \left(\dfrac{i-1}{n}\right)^2 \cdot \dfrac{1}{n}.$$

注意，$\left(\dfrac{i-1}{n}\right)^2 \cdot \dfrac{1}{n} = f(x_{i-1}) \Delta x_i < S_i < f(x_i) \Delta x_i = \left(\dfrac{i}{n}\right)^2 \cdot \dfrac{1}{n}.$

（3）作近似和.

$$S = S_1 + S_2 + \cdots + S_n$$
$$\approx f(x_0)\Delta x_1 + f(x_1)\Delta x_2 + \cdots + f(x_{n-1})\Delta x_n$$
$$= \sum_{i=1}^{n} f(x_{i-1})\Delta x_i = \sum_{i=1}^{n}\left(\frac{i-1}{n}\right)^2 \cdot \frac{1}{n}$$
$$= \sum_{i=0}^{n-1}\left(\frac{i}{n}\right)^2 \cdot \frac{1}{n}.$$

(4) 取极限.

$$S = \lim_{n\to\infty}\sum_{i=1}^{n} f(x_{i-1})\Delta x_i = \lim_{n\to\infty}\sum_{i=1}^{n-1}\left(\frac{i}{n}\right)^2 \cdot \frac{1}{n} = \lim_{n\to\infty}\sum_{i=1}^{n-1} i^2 \cdot \frac{1}{n^3}$$
$$= \lim_{n\to\infty}\frac{(n-1)n(2n-1)}{6}\frac{1}{n^3} = \frac{1}{3}.$$

这两个极端取法获得了相同的结果！这就是抛物线围成的曲边梯形的面积.

不过这里需要用到 $\sum_{i=1}^{n} i^2 = \dfrac{n(n+1)(2n+1)}{6}$，这个求和公式用得不多，一般比较陌生.（在第六章我们将推导这个公式）

本例也可以用阿基米德计算的弓形面积方法得到结果.这时抛物弓形的内接三角形的三点坐标是 $(0,0)$，$\left(\dfrac{1}{2},\dfrac{1}{4}\right)$ 和 $(1,1)$.不难算出它的面积是 $\dfrac{1}{8}$，于是弓形面积是 $\dfrac{4}{3}\times\dfrac{1}{8}=\dfrac{1}{6}$.这样一来，抛物线围成的曲边梯形的面积是 $\dfrac{1}{2}-\dfrac{1}{6}=\dfrac{1}{3}$，与上面的"标准化"方法得到的结果是相同的.（如图 4-6）

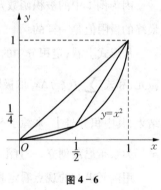

图 4-6

二、分成局部，积成整体——定积分的概念

总结上面的方法，可以用"分成局部，积成整体"来概括.微分学由整体出发，深刻地揭示函数在一点的局部性质.当我们把局部性质研究清楚了，必能反过来更深刻地理解函数的整体性质.如果微分的含义是"细分入微"，下一步就应该是"见微知著"了：将函数 $f(x)$ 各点的微分累积起来，积成整体，那就是积分.下面给出积分的数学定义.

▲**定义 1** 设 $f(x)$ 是闭区间 $[a,b]$ 上的有界函数，在 $[a,b]$ 内任意插入 $n-1$ 个分点：

$$a = x_0 < x_1 < x_2 < \cdots < x_{i-1} < x_i < x_{i+1} < \cdots < x_{n-1} < x_n = b,$$

将区间 $[a,b]$ 分成 n 个小区间 $[x_{i-1},x_i]$，其长度为 $\Delta x_i = x_i - x_{i-1}(i=1,2,\cdots,n)$；任取 $\xi_i \in [x_{i-1},x_i]$，作和 $\sum_{i=1}^{n} f(\xi_i)\Delta x_i$（通常称为积分和）.记 $\|\Delta x\| = \max_i\{\Delta x_i\}$ 为所有小区间长度中

的最大值,如果对$[a, b]$任何分法及ξ_i任何取法,极限$\lim\limits_{\|\Delta x\| \to 0} \sum\limits_{i=1}^{n} f(\xi_i) \Delta x_i$总有确定的极限值$I$,则称$f(x)$在$[a, b]$上是可积的,称$I$为函数$f(x)$在区间$[a, b]$上(或从$a$到$b$)的**定积分**,记为

$$I = \int_a^b f(x) \, dx,$$

即

$$\int_a^b f(x) \, dx = \lim_{\|\Delta x\| \to 0} \sum_{i=1}^{n} f(\xi_i) \Delta x_i.$$

在记号$\int_a^b f(x) dx$中,x称为**积分变量**,$f(x)$称为**被积函数**,$f(x)dx$称为**积分表达式**,b、a分别称为**积分上限**和**积分下限**,$[a, b]$称为**积分区间**.

有了定积分的定义,自然要问:哪些函数定积分一定存在呢?

▲ 定理1 若函数$f(x)$在闭区间$[a, b]$上连续,则$f(x)$在$[a, b]$上可积(定积分存在).

因为例1中的被积函数$f(x) = x^2$是连续函数,所以无论怎么分割区间$[0, 1]$,怎么取介点ξ_i,最终的极限值是一样的.

从形式上看,定积分中的表达式$f(x)dx$是微分dx和$f(x)$的乘积,我们将它称为函数$f(x)$的**微元**,和式$\sum\limits_{i=1}^{n} f(\xi_i) \Delta x_i$取极限,不妨看作是微元$f(x)dx$求和,最后用符号$\int_a^b f(x)dx$表示求和的结果,其中积分号$\int_a^b$来源于Sum,是个拉长的$S$,是求和的意思,上下端表示积分的区间.这一符号早年为莱布尼茨创立,一直沿用至今.

用微元求和的观点看定积分,虽然不大严格,但是却体现了积分的数学思想:分成局部(微元),积成整体(作和).简易而清晰.

下面用这个思想来看一个实际例子.

例2 设一汽车沿直线行驶(变速运动),其速度是t的函数$v(t)$(单位:米/秒),问从0时刻到T时刻汽车走了多少路程?

解 我们可以假设速度函数$v(t)$是连续函数,则在很短的时间内可以认为速度是不变的,因此在极短的时间(如dt)内汽车行驶的路程是$v(t)dt$(单位:米),这样从0到T走过的路程S(单位:米)就是把所有的$v(t)dt$相加(求和),即

$$S = \int_0^T v(t) \, dt.$$

这个例子也引出用定积分求解实际问题,定积分的量纲是这样确定的:被积函数的量纲乘以积分变量的量纲.在例2中是$v(t)$的量纲(米/秒)与时间t的量纲(秒)的乘积,结果自然是:米.

关于定积分定义,需要作如下几点说明.

1. 如果 $f(x)$ 在区间 $[a,b]$ 上是可积的话,定积分 $\int_a^b f(x)\mathrm{d}x$ 是一个实数,它由积分区间 $[a,b]$ 和被积函数 $f(x)$ 决定,与积分变量用什么字母无关,即

$$\int_a^b f(x)\mathrm{d}x = \int_a^b f(t)\mathrm{d}t.$$

2. 在定义定积分 $\int_a^b f(x)\mathrm{d}x$ 时,自然有要求 $a<b$.对于其他情形,规定如下:

$$\text{若 } a>b, \int_a^b f(x)\mathrm{d}x = -\int_b^a f(x)\mathrm{d}x;$$

$$\text{若 } a=b, \int_a^b f(x)\mathrm{d}x = 0.$$

这个规定是有意义的,当 $a=b$,相当于曲边梯形退化为一条直线,其面积自然为零.

若在区间 $[a,b]$ 上恒有 $f(x)\geqslant 0$,则积分 $\int_a^b f(x)\mathrm{d}x$ 的几何意义就是前面讨论过的,在区间 $[a,b]$ 上以 $f(x)$ 为曲边的曲边梯形的面积.

当然在一般情况下,$f(x)$ 不一定是非负的,例如可以出现下列情形(图 4-7).则 $\int_a^b f(x)\mathrm{d}x$ 的几何意义是:凡在 x 轴上方部分,积分就是曲边梯形的面积,为正;凡在 x 轴下方部分,积分就是曲边梯形面积的相反数,为负.如图 4-7 所示,其积分分别为 A,$-A$,A_1-A_2.

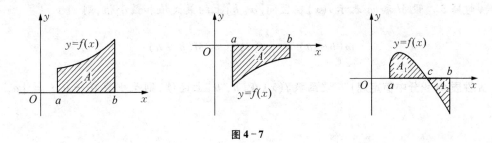

图 4-7

回到本节开始时的曲边梯形,其面积 A 是曲边函数 $y=f(x)$ 在底边对应区间 $[a,b]$ 上的定积分

$$A = \int_a^b f(x)\mathrm{d}x.$$

三、积分的基本性质

设下面出现的定积分都是存在的.

▲ **性质 1**(线性性质)

$$\int_a^b (f(x) \pm g(x))\mathrm{d}x = \int_a^b f(x)\mathrm{d}x \pm \int_a^b g(x)\mathrm{d}x,$$

$$\int_a^b kf(x)\mathrm{d}x = k\int_a^b f(x)\mathrm{d}x, \text{其中 } k \text{ 为常数}.$$

▲**性质2(区间可加性)**

$$\int_a^b f(x)\,\mathrm{d}x = \int_a^c f(x)\,\mathrm{d}x + \int_c^b f(x)\,\mathrm{d}x.$$

根据几何意义有

▲**性质3**　如果 $f(x) \equiv 1$，则

$$\int_a^b f(x)\,\mathrm{d}x = \int_a^b 1 \cdot \mathrm{d}x = (b-a).$$

从面积的非负性，立即可得，

▲**性质4(单调性)**　若对 $x \in [a,b]$，有 $f(x) \geqslant 0$，则

$$\int_a^b f(x)\,\mathrm{d}x \geqslant 0.$$

特别地，若对 $x \in [a,b]$，有 $f(x) \geqslant g(x)$，则

$$\int_a^b f(x)\,\mathrm{d}x \geqslant \int_a^b g(x)\,\mathrm{d}x.$$

由性质3和4，容易得到，

▲**性质5**　设 M 和 m 表示 $f(x)$ 在区间 $[a,b]$ 上的最大值和最小值，则

$$m(b-a) \leqslant \int_a^b f(x)\,\mathrm{d}x \leqslant M(b-a).$$

▲**性质6(积分中值定理)**　设函数 $f(x)$ 在 $[a,b]$ 上连续，则至少存在一点 $\xi \in [a,b]$，使得

$$\int_a^b f(x)\,\mathrm{d}x = f(\xi)(b-a). \tag{4.1}$$

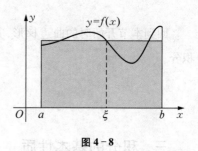

图4-8

积分中值定理的几何意义还是明显的：如果 $f(x) \geqslant 0$ 并且连续，则积分中值定理说明，在区间 $[a,b]$ 上至少存在一点 ξ，使得以 $[a,b]$ 为底，$f(\xi)$ 为高的矩形面积恰好等于 $[a,b]$ 上的曲边梯形的面积(图4-8)。

下面来证明积分中值定理。

证　由性质5可得 $m \leqslant \dfrac{1}{b-a}\int_a^b f(x)\,\mathrm{d}x \leqslant M$，其中 M 和 m 分别是 $f(x)$ 在区间 $[a,b]$ 上的最大值和最小值，即 $\dfrac{1}{b-a}\int_a^b f(x)\,\mathrm{d}x$ 是介于连续函数 $f(x)$ 在闭区间 $[a,b]$ 上最大值 M 和最小值 m 之间的一个值，所以根据闭区间上连续函数的介值性定理，可知，存在 $\xi \in [a,b]$，使得

$$f(\xi) = \frac{1}{b-a}\int_a^b f(x)\,\mathrm{d}x, \tag{4.2}$$

即

$$\int_a^b f(x)\,\mathrm{d}x = f(\xi)(b-a).$$

积分中值定理实际上应该称为"平均值"定理更确切:$f(\xi)$ 就是函数 $f(x)$ 在 $[a,b]$ 上的所有函数值的平均值! 解释如下.

对于求平均值,中学数学已经涉及,如对于 n 个实数 $a_1, a_2, \cdots, a_n$,它们的算术平均值就是 $\dfrac{a_1 + a_2 + \cdots + a_n}{n}$. 那么连续函数表示的有无限多个值的平均值怎样定义呢? 我们同样从有限入手,将区间 $[a,b]$ 平均分成 n 等分,分点是

$$x_0 = a,\ x_1 = a + \frac{b-a}{n},\ \cdots,\ x_{n-1} = a + \frac{(n-1)(b-a)}{n},\ x_n = b,$$

这样每个小区间的长度都是 $\dfrac{b-a}{n}$. 在每个小区间上的函数值不是常数,但因为函数是连续的,在小区间上函数值的波动很小,所以可以用分点上的函数值来代表:

$$f(x_1),\ f(x_2),\ \cdots,\ f(x_{n-1}),\ f(x_n),$$

于是这 n 个值的平均值为

$$\frac{f(x_1) + f(x_2) + \cdots + f(x_{n-1}) + f(x_n)}{n} = \frac{1}{n}\sum_{i=1}^n f(x_i). \tag{4.3}$$

当 n 趋向于无穷大时,这 n 个函数值的平均值的极限就应该是函数 $f(x)$ 在 $[a,b]$ 上的平均值.那么极限是什么呢? 从(4.3)式得

$$\lim_{n\to\infty} \frac{1}{n}\sum_{i=1}^n f(x_i) = \frac{1}{b-a}\lim_{n\to\infty}\sum_{i=1}^n f(x_i)\frac{(b-a)}{n} = \frac{1}{b-a}\int_a^b f(x)\,\mathrm{d}x.$$

所以 $f(x)$ 在 $[a,b]$ 上的平均值就是 $\dfrac{1}{(b-a)}\int_a^b f(x)\,\mathrm{d}x$,积分中值定理也就是"平均值定理".平均值是一个整体的性质,积分通过细小局部的累积,反映出了整体性质,局部和整体的辩证关系在定积分上再一次得到了展示.

§3　原函数和微积分学基本定理

虽然我们已经摆脱了当初刘徽和阿基米德的"个性化"方法,但是从定义出发来计算积分

$\int_a^b f(x)\mathrm{d}x$, 还是缺乏"可操作性", 其难度并不亚于当初刘徽和阿基米德. 因此, 为了解决定积分的计算问题, 还必须另辟蹊径, 寻找更一般的方法, 这里一个关键角色是"原函数".

一、原函数

什么是原函数? 先看一个实例. 观察三个函数, $y = 2x$, $y = x^2$, $y = \dfrac{1}{3}x^3$, 不难发现, 前面一个函数是后面那个函数的导函数, 以 $y = x^2$ 为中心, $y = x^2$ 的导数是 $y = 2x$, 而同时它又是 $y = \dfrac{1}{3}x^3$ 的导数. $y = 2x$ 称为 $y = x^2$ 的导函数, 那么 $y = \dfrac{1}{3}x^3$ 称为 $y = x^2$ 的什么呢? 我们给它一个新的名称: 称 $y = \dfrac{1}{3}x^3$ 为函数 $y = x^2$ 的一个原函数.

▲**定义 1** 设函数 $F(x)$ 与 $f(x)$ 在某个区间 I 上都有定义, 若在 I 上有

$$F'(x) = f(x) \text{ 或 } \mathrm{d}F(x) = f(x)\mathrm{d}x,$$

则称 $F(x)$ 为 $f(x)$ 在区间 I 上的一个**原函数**.

例如, $\sin x$ 与 $\sin x + 1$ 都是 $\cos x$ 在 $(-\infty, +\infty)$ 上的一个原函数, 因为 $(\sin x)' = \cos x$, $(\sin x + 1)' = \cos x$. 原函数之间有以下关系.

▲**定理 1** 设 $F(x)$ 是 $f(x)$ 在区间 I 上的一个原函数, 则

(1) $F(x) + C$ 也是 $f(x)$ 在区间 I 上的一个原函数, 其中 C 为任意常数.

(2) $f(x)$ 的任意两个原函数之间只相差一个常数.

证 (1) 对于任意常数 C, 有

$$[F(x) + C]' = F'(x) = f(x),$$

因此, 由原函数的定义知, $F(x) + C$ 也是 $f(x)$ 在 I 上的一个原函数.

(2) 设 $F(x)$ 和 $G(x)$ 是 $f(x)$ 在区间 I 上的任意两个原函数, 则

$$[F(x) - G(x)]' = F'(x) - G'(x) = f(x) - f(x) = 0.$$

根据拉格朗日中值定理的推论可得

$$F(x) - G(x) = C.$$

定理 1 说明 $f(x)$ 的原函数不止一个, 并且不同的原函数彼此之间只相差一个常数. 将 $f(x)$ 的原函数全体记为

$$\int f(x)\mathrm{d}x,$$

称为 $f(x)$ 的**不定积分**.

如果 $F(x)$ 是 $f(x)$ 的一个原函数,那么

$$\int f(x)\,\mathrm{d}x = F(x) + C.$$

原函数与定积分有什么关系呢? 我们通过考查两个中值定理:微分中值定理和积分中值定理,希望从中得到一些启发.

设 $f(x)$, $f'(x)$ 都在 $[a,b]$ 上连续,则对 $f(x)$ 有微分中值公式 $f(b) - f(a) = f'(\xi)(b-a)$,同时对 $f'(x)$ 又有积分中值公式 $f'(\xi)(b-a) = \int_a^b f'(x)\,\mathrm{d}x$,尽管这两个 ξ 可能是不同的,但我们还是猜测,函数 $f'(x)$ 的积分 $\int_a^b f'(x)\,\mathrm{d}x$ 一定与其原函数 $f(x)$ 的值 $f(b)-f(a)$ 有着某种联系,是巧合还是有着内在的逻辑关系? 下面来说明这个关系是存在的.

二、积分上限函数和微积分学基本定理

首先来看一个特别的积分.设 $f(x)$ 在区间 $[a,b]$ 上连续,考察 $f(x)$ 在部分区间 $[a,x]$ 上的定积分

$$\int_a^x f(t)\,\mathrm{d}t, \quad x \in [a,b].$$

当 x 在 $[a,b]$ 上变动时,对于每一个取定的 x 值,$\int_a^x f(t)\,\mathrm{d}t$ 都有唯一的确定值与之对应,因而 $\int_a^x f(t)\,\mathrm{d}t$ 是 x 的函数,称为**积分上限函数**,记作

$$\Phi(x) = \int_a^x f(t)\,\mathrm{d}t, \quad x \in [a,b]. \tag{4.4}$$

类似地,可以定义积分下限的函数: $\Psi(x) = \int_x^b f(t)\,\mathrm{d}t$, $x \in [a,b]$.

关于函数 $\Phi(x)$ 的导数,有下面的定理.

▲**定理 2** (微积分学基本定理)若函数 $f(x)$ 在 $[a,b]$ 上连续,则积分上限 x 的函数(4.4)在 $[a,b]$ 上可导,且它的导数为

$$\Phi'(x) = \frac{\mathrm{d}}{\mathrm{d}x}\int_a^x f(t)\,\mathrm{d}t = f(x), \quad x \in [a,b],$$

即积分上限函数 $\Phi(x)$ 是 $f(x)$ 在 $[a,b]$ 上的一个原函数!

定理的证明要用到导数的定义、定积分的区间可加性和中值定理,下面给出证明.

证 设 $x \in [a,b]$,增量 $\Delta x \neq 0$,且 $x + \Delta x \in [a,b]$,根据导数的定义,有

$$\Phi'(x) = \lim_{\Delta x \to 0} \frac{\Phi(x + \Delta x) - \Phi(x)}{\Delta x} = \lim_{\Delta x \to 0} \frac{1}{\Delta x}\left[\int_a^{x+\Delta x} f(t)\,\mathrm{d}t - \int_a^x f(t)\,\mathrm{d}t\right]$$

$$= \lim_{\Delta x \to 0} \frac{1}{\Delta x} \left[\int_a^x f(t) \, dt + \int_x^{x+\Delta x} f(t) \, dt - \int_a^x f(t) \, dt \right] \text{(区间可加性)}$$

$$= \lim_{\Delta x \to 0} \frac{1}{\Delta x} \int_x^{x+\Delta x} f(t) \, dt = \lim_{\Delta x \to 0} \frac{1}{\Delta x} f(\xi) \Delta x \text{(积分中值定理)}$$

$$= \lim_{\Delta x \to 0} f(\xi),$$

因为 $f(x)$ 连续,而且 ξ 在 x 与 $x + \Delta x$ 之间,所以

$$\Phi'(x) = \lim_{\Delta x \to 0} \frac{\Phi(x + \Delta x) - \Phi(x)}{\Delta x} = \lim_{\Delta x \to 0} f(\xi) = f(x).$$

上述定理的深刻之处在于告诉我们连续函数是有原函数的,而且该连续函数的积分上限函数就是它的一个原函数.同时我们又掌握了定义新函数的方法——积分上限函数!

例1 求下列函数的导数:

(1) $\int_a^x t^2 \ln t \, dt$;　　(2) $\int_x^b f(t) \, dt$.

解 (1) 根据定理2,有 $\dfrac{d}{dx} \int_a^x t^2 \ln t \, dt = x^2 \ln x$.

(2) 这是积分下限的函数,首先要把它变成积分上限,然后再用定理2.因为 $\int_x^b f(t) \, dt = -\int_b^x f(t) \, dt$,所以

$$\frac{d}{dx} \int_x^b f(t) \, dt = \frac{d}{dx} \left(-\int_b^x f(t) \, dt \right) = -f(x).$$

例2 求 $\lim\limits_{x \to 0} \dfrac{\int_x^0 \ln(1 + t) \, dt}{x^2}$.

解 这是 $\dfrac{0}{0}$ 型不定式,利用洛比达法则以及积分下限函数的求导法则,得

$$\lim_{x \to 0} \frac{\int_x^0 \ln(1 + t) \, dt}{x^2} = \lim_{x \to 0} \frac{-\ln(1 + x)}{2x} = -\frac{1}{2}.$$

例3 求下列函数的导数:

(1) $\int_a^{x^2} f(t) \, dt$;　　(2) $\int_0^{e^x} \dfrac{1}{1 + t^3} \, dt$.

解 (1) 因为 $\int_a^{x^2} f(t) \, dt$ 是 $y = \int_a^u f(t) \, dt$ 与 $u = x^2$ 的复合函数,所以

$$\frac{d}{dx}\int_a^{x^2} f(t)\,dt = \frac{d}{du}(\int_a^u f(t)\,dt)\cdot\frac{d}{dx}(x^2) = f(u)\frac{d}{dx}(x^2)$$

$$= 2x\cdot f(x^2).$$

（2）根据（1），

$$\frac{d}{dx}\int_0^{e^x}\frac{1}{1+t^3}dt = \frac{1}{1+(e^x)^3}(e^x)' = \frac{e^x}{1+e^{3x}}.$$

定理 2 说明微分与积分两个看似不相干的概念其实是有着内在联系的,因此是微积分理论中最基本、最重要的定理,因而被称为**微积分学基本定理**.

从定理 2 很容易得到著名的**牛顿-莱布尼茨公式**.

▲**定理 3** （**牛顿-莱布尼茨公式**）若函数 $f(x)$ 在区间 $[a,b]$ 上连续, $F(x)$ 是 $f(x)$ 在 $[a,b]$ 上的一个原函数(即 $F'(x)=f(x)$),则

$$\int_a^b f(x)\,dx = F(b) - F(a). \tag{4.5}$$

证 由定理 2 可知 $\varPhi(x)=\int_a^x f(t)\,dt$ 是 $f(x)$ 的一个原函数,又 $F(x)$ 也是 $f(x)$ 一个原函数,根据定理 1,它们相差一个常数,即

$$\int_a^x f(t)\,dt = F(x) + C.$$

用 $x=a$ 代入上式得

$$0 = \int_a^a f(t)\,dt = F(a) + C,得 C = -F(a);$$

于是

$$\int_a^x f(t)\,dt = F(x) - F(a),$$

用 $x=b$ 代入上式得

$$\int_a^b f(t)\,dt = F(b) - F(a).$$

函数 $F(x)$ 在 $[a,b]$ 上的增量 $F(b)-F(a)$ 通常记作 $F(x)\Big|_a^b$,这样(4.5)式又可写成

$$\int_a^b f(x)\,dx = F(x)\Big|_a^b.$$

(4.5)式称为**牛顿-莱布尼茨公式**,它极大地方便了定积分的计算,将原来认为互不相关的导数和积分联系起来:连续函数的积分计算不必大动干戈,只要寻求它的原函数两端点函数值之差即可.这是何等的深刻!

到这里,我们才真正完成了求曲线图形面积的"标准化"方法的所有工序,充分展示了现代数学的魅力.

还记得§2的例1中求抛物线下曲边梯形的例子吗？那里用分割、作和、级数求和公式,取极限,最后得到结果是$\frac{1}{3}$.现在我们用定理3来解决这个问题：

例 4 计算定积分$\int_0^1 x^2 \mathrm{d}x$.

解 因为$\frac{1}{3}x^3$是x^2的一个原函数,所以由牛顿-莱布尼茨公式(4.5),有

$$\int_0^1 x^2 \mathrm{d}x = \frac{1}{3}x^3 \Big|_0^1 = \frac{1}{3}.$$

何其简单！不禁慨叹微积分之强大.

微课 4

求原函数实际上是求导(求微分)的逆运算,有关求原函数的问题涉及到另一类积分-不定积分,下面对不定积分作一个简单的介绍.

§4 不 定 积 分

一、不定积分概念

不定积分的概念在上一节已经介绍过,即：将$f(x)$在某区间I上的原函数全体称为$f(x)$的**不定积分**.记作$\int f(x)\mathrm{d}x$.

其中$\int$称为**积分号**,$f(x)$称为**被积函数**,$f(x)\mathrm{d}x$称为**被积表达式**,x称为**积分变量**.

牛顿-莱布尼茨公式告诉我们,求已知函数$f(x)$在区间$[a, b]$上的定积分,只需求出$f(x)$在区间$[a, b]$上的一个原函数$F(x)$,然后计算原函数$F(x)$在$[a, b]$上的增量$F(b)-F(a)$即可.

本章上一节定理1揭示了全体原函数的结构：即若$F(x)$是$f(x)$的一个原函数,则$f(x)$的全体原函数就是$F(x)+C$,其中C为任意常数.

若$F(x)$是$f(x)$在区间I上的一个原函数,则$f(x)$在I上的不定积分就是$\int f(x)\mathrm{d}x = F(x) + C$($C$为任意常数).

例如,因为$(\sin x)' = \cos x$,所以$\sin x$是$\cos x$的一个原函数,故

$$\int \cos x\mathrm{d}x = \sin x + C.$$

同理,根据上一节例4,有$\int x^2 \mathrm{d}x = \frac{1}{3}x^3 + C$.

根据原函数与不定积分的概念,可以直接得到:

1. $\left[\int f(x)\mathrm{d}x\right]' = f(x)$ 或 $\mathrm{d}\left[\int f(x)\mathrm{d}x\right] = f(x)\mathrm{d}x$.

2. $\int f'(x)\mathrm{d}x = f(x) + C$ 或 $\int \mathrm{d}f(x) = f(x) + C$.

这两个关系表明了求不定积分和求导数互为逆运算,因为不定积分是原函数全体,求原函数与求导函数就是互为逆运算.

例 1 设曲线 $y = f(x)$ 上任一点 $(x, f(x))$ 的切线斜率为 $2x$,且曲线过 $(1, 2)$ 点,求 $f(x)$ 的表达式.

解 根据题意,由于 $f'(x) = 2x$,所以要求的 $f(x)$ 就是 $2x$ 的原函数,并且满足 $f(1) = 2$. 由不定积分的定义可知

$$f(x) = \int 2x\mathrm{d}x = x^2 + C.$$

再根据曲线 $y = f(x)$ 过 $(1, 2)$ 点,得到 $1 + C = 2, C = 1$.

从而

$$f(x) = x^2 + 1.$$

二、直接积分法

直接或者对被积函数进行简单恒等变换后利用不定积分的公式和性质求得结果,这样的方法叫做**直接积分法**.

根据基本初等函数的导数公式和不定积分的定义,就可以得下列基本积分公式:

1. $\int 0\mathrm{d}x = C$.

2. $\int 1\mathrm{d}x = x + C$.

3. $\int x^a \mathrm{d}x = \dfrac{1}{a + 1}x^{a+1} + C$ (常数 $a \neq -1, x > 0$).

4. $\int \dfrac{1}{x}\mathrm{d}x = \ln|x| + C$.

注:因为 $\ln|x| = \begin{cases} \ln(-x), & x < 0, \\ \ln x, & x > 0, \end{cases}$ 而 $[\ln(-x)]' = \dfrac{1}{x}$, $(\ln x)' = \dfrac{1}{x}$,所以 $\ln|x|$ 是 $\dfrac{1}{x}$ 的一个原函数.

5. $\int \mathrm{e}^x \mathrm{d}x = \mathrm{e}^x + C$.

6. $\int \cos x\mathrm{d}x = \sin x + C$.

7. $\int \sin x \mathrm{d}x = -\cos x + C.$

8. $\int \dfrac{1}{\cos^2 x} \mathrm{d}x = \tan x + C.$

9. $\int \dfrac{1}{\sin^2 x} \mathrm{d}x = -\cot x + C.$

10. $\int \dfrac{1}{\sqrt{1 - x^2}} \mathrm{d}x = \arcsin x + C.$

11. $\int \dfrac{1}{1 + x^2} \mathrm{d}x = \arctan x + C.$

同样地相应于导数的线性运算性质,可得不定积分的线性运算性质.

▲**性质 1** 若函数 $f(x)$ 和 $g(x)$ 在区间 I 上存在原函数,则 $f(x) \pm g(x)$ 在区间 I 上也存在原函数,且

$$\int [f(x) \pm g(x)] \mathrm{d}x = \int f(x) \mathrm{d}x \pm \int g(x) \mathrm{d}x.$$

▲**性质 2** 若函数 $f(x)$ 在区间 I 上存在原函数,k 为非零常数,则函数 $kf(x)$ 在区间 I 上也存在原函数,且

$$\int kf(x) \mathrm{d}x = k \int f(x) \mathrm{d}x.$$

例 2 计算 $\int \left(\dfrac{1}{x} - 2\mathrm{e}^x \right) \mathrm{d}x.$

解 $\int \left(\dfrac{1}{x} - 2\mathrm{e}^x \right) \mathrm{d}x = \int \dfrac{1}{x} \mathrm{d}x - 2 \int \mathrm{e}^x \mathrm{d}x = \ln |x| - 2\mathrm{e}^x + C.$

例 3 计算 $\int \sqrt{x} (x^2 - 5) \mathrm{d}x.$

解 $\int \sqrt{x} (x^2 - 5) \mathrm{d}x = \int (x^{\frac{5}{2}} - 5x^{\frac{1}{2}}) \mathrm{d}x = \int x^{\frac{5}{2}} \mathrm{d}x - 5 \int x^{\frac{1}{2}} \mathrm{d}x$

$$= \dfrac{2}{7} x^{\frac{7}{2}} - \dfrac{10}{3} x^{\frac{3}{2}} + C.$$

例 4 计算 $\int \dfrac{x^2}{1 + x^2} \mathrm{d}x.$

解 $\int \dfrac{x^2}{1 + x^2} \mathrm{d}x = \int \dfrac{x^2 + 1 - 1}{1 + x^2} \mathrm{d}x = \int \left(1 - \dfrac{1}{1 + x^2} \right) \mathrm{d}x$

$$= x - \arctan x + C.$$

例 5 计算 $\int \sin^2 \dfrac{x}{2} \mathrm{d}x.$

解 根据三角公式 $1 - \cos x = 2\sin^2 \dfrac{x}{2}$，有

$$\int \sin^2 \frac{x}{2} \mathrm{d}x = \int \frac{1 - \cos x}{2} \mathrm{d}x = \frac{1}{2}\left(\int \mathrm{d}x - \int \cos x \mathrm{d}x\right)$$

$$= \frac{1}{2}(x - \sin x) + C.$$

以上例题中的被积函数通过一些初等的代数变换后，就变成基本初等函数的不定积分了，只要熟悉求导公式，就很容易利用基本积分公式求出结果.但如果是复合函数，那就需要用换元法进行计算了.

三、不定积分的换元积分法（凑微分法）

换元积分法的实质就是把复合函数的求导法则反过来用于求不定积分.先看一个例子.

以 $\int \mathrm{e}^{2x} \mathrm{d}x$ 为例，看看如何用换元法（凑微分法）.我们要做的工作就是把它变成基本积分公式中形式，可以使用基本积分公式.

首先观察到被积函数 e^{2x} 为复合函数，中间变量是 $u = 2x$，而积分变量是 x，两者不一致，因此我们用"凑"的方法使积分变量与复合函数的中间变量变成一致：$\int \mathrm{e}^{2x} \mathrm{d}x = \dfrac{1}{2}\int 2\mathrm{e}^{2x} \mathrm{d}x = \dfrac{1}{2}\int \mathrm{e}^{2x} \mathrm{d}(2x)$.将 $2x$ 看成一个整体 u，这样积分表达式就变成了 $\mathrm{e}^u \mathrm{d}u$，它是 e^u 的微分，因此就找到了原函数 $\mathrm{e}^u (= \mathrm{e}^{2x})$，于是

$$\int \mathrm{e}^{2x} \mathrm{d}x = \frac{1}{2}\int \mathrm{e}^{2x} \mathrm{d}(2x) = \frac{1}{2}\int \mathrm{e}^u \mathrm{d}u = \frac{1}{2}\mathrm{e}^u + C = \frac{1}{2}\mathrm{e}^{2x} + C.$$

将 2 放入 d 后面的过程，就是凑一个微分的过程，就是要把积分变量凑成被积函数的中间变量，使积分表达式成为某个基本初等函数的微分.因此我们将这个方法称为"凑微分法".

上面的过程中将 $2x$ 看成新变量 u，我们可以实施变量代换；也可以不实施这个变换，而是在心中默认这个新变量.下面来完整叙述换元积分法.

设 $y = F(u)$，$u = g(x)$，根据复合函数的求导法则，有

$$\frac{\mathrm{d}}{\mathrm{d}x}F[g(x)] = F'(u)g'(x).$$

设 $F'(u) = f(u)$，则 $\int f(u)\mathrm{d}u = F(u) + C$，$\mathrm{d}u = g'(x)\mathrm{d}x$，于是

$$\int f[g(x)]g'(x)\mathrm{d}x = \int f[g(x)]\mathrm{d}g(x) = \int f(u)\mathrm{d}u = F(u) + C = F[g(x)] + C.$$

在求不定积分 $\int \varphi(x)\mathrm{d}x$ 时，可将其中的被积函数分解为

$$\varphi(x) = f[g(x)]g'(x),$$

然后就有

$$\int \varphi(x)\,\mathrm{d}x = \int f(g(x))g'(x)\,\mathrm{d}x = \int f(u)\,\mathrm{d}u$$
$$= F(u) + C = F[g(x)] + C.$$

此方法称为**第一类换元积分法**,或称"**凑微分法**",就是在被积函数中凑出一个微分 $g'(x)\mathrm{d}x = \mathrm{d}g(x)$,使得

$$\varphi(x)\mathrm{d}x = f[g(x)]g'(x)\mathrm{d}x = f(u)\mathrm{d}u,$$

而 $f(u)$ 有原函数 $F(u)$,于是就可得到 $\varphi(x)$ 的原函数 $F[g(x)]+C$.

为什么要换元? 通常是 $\varphi(x)$ 的原函数不好找,而 $f(u)$ 的原函数容易得到,即 $\int f(u)\,\mathrm{d}u$ 就是基本积分表中的一个公式.这就是进行换元的动因.请看下面例题,仔细体会换元("凑微分")法.

例 6 计算 $\int \cos 3x\,\mathrm{d}x$.

解 1 令 $u = 3x$,则 $\mathrm{d}u = 3\mathrm{d}x$,于是

$$\int \cos 3x\,\mathrm{d}x = \frac{1}{3}\int \cos 3x \cdot 3\mathrm{d}x = \frac{1}{3}\int \cos u\,\mathrm{d}u = \frac{1}{3}\sin u + C$$
$$= \frac{1}{3}\sin 3x + C.$$

要记得换元后把 u 代回,还原成自变量 x 的函数.

解 2 直接凑微分,有

$$\int \cos 3x\,\mathrm{d}x = \frac{1}{3}\int \cos 3x \cdot \mathrm{d}3x = \frac{1}{3}\sin 3x + C.$$

这里将 $3x$ 看成一个整体 u,就是求 $\int \cos u \cdot \mathrm{d}u$,这是基本积分表中的公式.

例 7 计算 $\int \frac{1}{3+2x}\mathrm{d}x$.

解 用凑微分法,有

$$\int \frac{1}{3+2x}\mathrm{d}x = \frac{1}{2}\int \frac{1}{3+2x}(3+2x)'\mathrm{d}x = \frac{1}{2}\int \frac{1}{3+2x}\mathrm{d}(3+2x)$$
$$= \frac{1}{2}\ln|3+2x| + C.$$

这里将 $3+2x$ 看成 u,就是基本积分表中的积分 $\int \frac{1}{u} \cdot \mathrm{d}u$.

例 8 计算 $\int \dfrac{1}{x}\ln x\,\mathrm{d}x$.

解 容易看出，$\dfrac{1}{x}\mathrm{d}x = \mathrm{d}\ln x$，将 $\ln x$ 看成 u，可得

$$\int \frac{1}{x}\ln x\,\mathrm{d}x = \int \ln x\,\mathrm{d}\ln x = \frac{1}{2}(\ln x)^2 + C.$$

这里将 $\ln x$ 看成 u，变成求 $\int u\,\mathrm{d}u$.

例 9 计算 $\int (4x - 2)^4\,\mathrm{d}x$.

解
$$\int (4x-2)^4\,\mathrm{d}x = \frac{1}{4}\int (4x-2)^4\,\mathrm{d}(4x-2) = \frac{1}{4}\cdot\frac{1}{5}(4x-2)^5 + C$$

$$= \frac{1}{20}(4x-2)^5 + C.$$

例 10 计算 $\int 2x\mathrm{e}^{x^2+1}\,\mathrm{d}x$.

解 观察被积函数，发现 $2x = (x^2+1)'$，$\mathrm{d}(x^2+1) = 2x\mathrm{d}x$，于是

$$\int 2x\mathrm{e}^{x^2+1}\,\mathrm{d}x = \int \mathrm{e}^{x^2+1}(x^2+1)'\,\mathrm{d}x = \int \mathrm{e}^{x^2+1}\,\mathrm{d}(x^2+1)$$

$$= \mathrm{e}^{x^2+1} + C.$$

例 11 计算 $\int \tan x\,\mathrm{d}x$.

解 $\int \tan x\,\mathrm{d}x = \int \dfrac{\sin x}{\cos x}\mathrm{d}x = -\int \dfrac{\mathrm{d}\cos x}{\cos x} = -\ln|\cos x| + C.$

四、不定积分的分部积分法

对应乘法求导法则的逆运算是不定积分的分部积分法.

如果 $u = u(x)$ 与 $v = v(x)$ 都有连续的导数，则由函数乘积的微分公式 $\mathrm{d}(uv) = v\mathrm{d}u + u\mathrm{d}v$，得 $u\mathrm{d}v = \mathrm{d}(uv) - v\mathrm{d}u$，所以有

$$\int u(x)\,\mathrm{d}v(x) = u(x)v(x) - \int v(x)\,\mathrm{d}u(x) \tag{4.6}$$

或

$$\int u(x)v'(x)\,\mathrm{d}x = u(x)v(x) - \int v(x)u'(x)\,\mathrm{d}x \tag{4.7}$$

公式 (4.6) 和 (4.7) 称为**分部积分公式**，当积分 $\int u\mathrm{d}v$ 不易计算，而积分 $\int v\mathrm{d}u$ 比较容易计算时，

就可以使用这个公式.

例 12　计算 $\int x e^x dx$.

解　取 $x = u$, $v' = e^x$, 则根据公式(4.6), 有

$$\int x e^x dx = \int x de^x = x e^x - \int e^x dx = x e^x - e^x + C$$
$$= e^x(x-1) + C.$$

例 13　计算 $\int x \sin x dx$.

解　取 $x = u$, $v' = \sin x$, 则

$$\int x \sin x dx = -\int x d\cos x = -\left(x\cos x - \int \cos x dx \right)$$
$$= -x\cos x + \sin x + C.$$

从上面两个例子看到, 凡是幂函数 x 与指数函数 e^x 和三角函数 $\sin x$、$\cos x$ 相乘时, 总是把 e^x, $\sin x$ 这些导数与原函数没什么区别的函数作为 $v'(x)$, 这样经过交换导数后, 被积函数就化简了.

例 14　计算 $\int x \ln x dx$.

解　取 $\ln x = u$, $dv = x dx = d\left(\dfrac{x^2}{2}\right)$, 则

$$\int x \ln x dx = \int \ln x d\left(\frac{x^2}{2}\right) = \frac{x^2}{2}\ln x - \int \frac{x^2}{2} d(\ln x)$$
$$= \frac{x^2}{2}\ln x - \int \frac{x^2}{2}\frac{1}{x}dx = \frac{x^2}{2}\ln x - \frac{1}{2}\int x dx$$
$$= \frac{x^2}{2}\ln x - \frac{x^2}{4} + C.$$

例 15　计算 $\int \arctan x dx$.

解　这里取 $\arctan x = u$, $dv = dx$, 分部积分后还需要凑一个微分才能得到最后的结果.

$$\int \arctan x dx = x\arctan x - \int x d\arctan x$$
$$= x\arctan x - \int \frac{x}{1+x^2}dx$$
$$= x\arctan x - \frac{1}{2}\ln(1+x^2) + C.$$

凡是幂函数与对数函数 $\ln x$ 和反三角函数 $\arctan x$、$\arcsin x$ 相乘时, 只能把幂函数作为 v', 这样经过交换导数后对数函数和反三角函数均会消失, 积分就容易计算了.

不定积分例子就举这些,请读者通过上面的例子,总结不定积分计算的一些规律,熟悉不定积分的计算,为定积分计算打好基础.如果想了解更多求不定积分的方法,可以参考理科和工科专业用的《高等数学》教材.

§5 定积分的计算

有了不定积分的基础,计算定积分就方便了.

一、直接用牛顿-莱布尼茨公式计算定积分

例 1 计算 $\int_0^{\frac{\pi}{2}} \cos x \mathrm{d}x$.

解 $\cos x$ 的原函数是 $\sin x$,所以根据牛顿-莱布尼茨公式(4.5),有

$$\int_0^{\frac{\pi}{2}} \cos x \mathrm{d}x = \sin x \Big|_0^{\frac{\pi}{2}} = 1 - 0 = 1.$$

例 2 计算 $\int_0^1 (e^x - x^2) \mathrm{d}x$.

解
$$\int_0^1 (e^x - x^2) \mathrm{d}x = \int_0^1 e^x \mathrm{d}x - \int_0^1 x^2 \mathrm{d}x$$
$$= e^x \Big|_0^1 - \frac{1}{3} x^3 \Big|_0^1 = e - 1 - \left(\frac{1}{3} - 0\right)$$
$$= e - \frac{4}{3}.$$

例 3 计算 $\int_1^e \frac{1}{x} \mathrm{d}x$.

解 $\int_1^e \frac{1}{x} \mathrm{d}x = \ln x \big|_1^e = \ln e - \ln 1 = 1.$

例 4 计算 $\int_0^1 \frac{x^2 \mathrm{d}x}{1 + x^2}$.

解 因为 $\frac{x^2}{1 + x^2} = \frac{x^2 + 1 - 1}{1 + x^2} = 1 - \frac{1}{1 + x^2}$,所以

$$\int_0^1 \frac{x^2 \mathrm{d}x}{1 + x^2} = \int_0^1 1 \cdot \mathrm{d}x - \int_0^1 \frac{1}{1 + x^2} \mathrm{d}x = 1 - \arctan x \Big|_0^1$$
$$= 1 - (\arctan 1 - \arctan 0) = 1 - \frac{\pi}{4}.$$

二、用换元积分法(凑微分法)计算定积分

上面都是一些基本初等函数的定积分,只要熟悉求导公式,就可以在基本积分公式中找到它.但是如果被积函数不是基本初等函数(如复合函数),就无法在基本积分公式中找到它,需要用换元法(凑微分法)进行计算了.定积分换元法(凑微分法)与不定积分基本一样,但是当实施换元时,积分上下限也要跟着变化.请看下面的例5和例6的解法二.

例5 计算 $\int_0^{\frac{\pi}{4}} \sin 2x \mathrm{d}x$.

解法一 $\sin 2x$ 是一个复合函数,其中间变量是 $u = 2x$. 凑一个微分:$\sin 2x \mathrm{d}x = \frac{1}{2}\sin 2x \mathrm{d}(2x)$,把 $2x$ 看成整体,得

$$\int_0^{\frac{\pi}{4}} \sin 2x \mathrm{d}x = \frac{1}{2}\int_0^{\frac{\pi}{4}} \sin 2x \mathrm{d}(2x) = -\frac{1}{2}\cos 2x \Big|_0^{\frac{\pi}{4}}$$

$$= -\frac{1}{2}\left(\cos \frac{\pi}{2} - \cos 0\right) = \frac{1}{2}.$$

解法二 令 $2x = u$,两边微分,得 $\mathrm{d}x = \frac{1}{2}\mathrm{d}u$;当 $x = 0$ 时,$u = 0$,当 $x = \frac{\pi}{4}$ 时,$u = \frac{\pi}{2}$. 把上述变换代入原式,得

$$\int_0^{\frac{\pi}{4}} \sin 2x \mathrm{d}x = \frac{1}{2}\int_0^{\frac{\pi}{2}} \sin u \mathrm{d}u = -\frac{1}{2}\cos u \Big|_0^{\frac{\pi}{2}} = \frac{1}{2}.$$

例6 计算 $\int_0^1 \frac{1}{1 + 2x}\mathrm{d}x$.

解法一 凑微分:$\mathrm{d}x = \frac{1}{2}\mathrm{d}(1 + 2x)$,把 $(1+2x)$ 看成一个整体,有

$$\int_0^1 \frac{1}{1 + 2x}\mathrm{d}x = \frac{1}{2}\int_0^1 \frac{1}{1 + 2x}\mathrm{d}(1 + 2x) = \frac{1}{2}\ln(1 + 2x) \Big|_0^1$$

$$= \frac{1}{2}(\ln 3 - \ln 1) = \frac{1}{2}\ln 3.$$

解法二 令 $1 + 2x = u$,两边微分,得 $2\mathrm{d}x = \mathrm{d}u$,即 $\mathrm{d}x = \frac{1}{2}\mathrm{d}u$. 当 $x = 0$ 时,$u = 1$;当 $x = 1$ 时,$u = 3$. 把上述变换代入原式,得

$$\int_0^1 \frac{1}{1 + 2x}\mathrm{d}x = \frac{1}{2}\int_1^3 \frac{1}{u}\mathrm{d}u = \frac{1}{2}\ln u \Big|_1^3$$

$$= \frac{1}{2}(\ln 3 - \ln 1) = \frac{1}{2}\ln 3.$$

注 两种方法都应该熟练掌握.

例7 计算 $\int_0^1 xe^{x^2}dx$.

解 因为 $xdx = \dfrac{1}{2}d(x^2)$，把 x^2 看成一个整体，得

$$\int_0^1 xe^{x^2}dx = \frac{1}{2}\int_0^1 e^{x^2}d(x^2) = \frac{1}{2}e^{x^2}\Big|_0^1$$

$$= \frac{1}{2}(e^1 - e^0) = \frac{1}{2}(e - 1).$$

例8 证明：若 $f(x)$ 在 $[-a, a]$ 上连续且为偶函数，则

$$\int_{-a}^a f(x)dx = 2\int_0^a f(x)dx.$$

证 因为 $\int_{-a}^a f(x)dx = \int_{-a}^0 f(x)dx + \int_0^a f(x)dx$，

对右边第一个积分作变量代换 $x = -t$，则有 $dx = -dt$. 当 $x = -a$ 时，$t = a$；$x = 0$ 时，$t = 0$. 注意到 $f(x)$ 在 $[-a, a]$ 是偶函数，可得

$$\int_{-a}^0 f(x)dx = -\int_a^0 f(-t)dt = \int_0^a f(t)dt = \int_0^a f(x)dx,$$

所以

$$\int_{-a}^a f(x)dx = 2\int_0^a f(x)dx.$$

类似地可以证明（留作习题）：若 $f(x)$ 在 $[-a, a]$ 上连续且为奇函数，则

$$\int_{-a}^a f(x)dx = 0.$$

利用上述结论，常可简化偶函数或奇函数在对称于原点的区间上定积分的计算.

例9 计算 $\int_{-2}^2 (x^2 + x^3\sqrt{1+x^2})dx$.

解 因为 x^2 是偶函数，$x^3\sqrt{1+x^2}$ 是奇函数，所以

$$\int_{-2}^2 (x^2 + x^3\sqrt{1+x^2})dx = \int_{-2}^2 x^2dx + \int_{-2}^2 x^3\sqrt{1+x^2}dx$$

$$= 2\int_0^2 x^2dx = \frac{2}{3}x^3\Big|_0^2 = \frac{16}{3}.$$

三、用分部积分法计算定积分

设 $u(x)$，$v(x)$ 在 $[a, b]$ 上可导，于是有

$$[u(x)v(x)]' = u'(x)v(x) + u(x)v'(x),$$

或

$$u(x)v'(x) = [u(x)v(x)]' - u'(x)v(x).$$

在 $[a, b]$ 上,对上式两边积分,得

$$\int_a^b u(x)v'(x)\mathrm{d}x = u(x)v(x) \Big|_a^b - \int_a^b u'(x)v(x)\mathrm{d}x. \tag{4.8}$$

这就是定积分的分部积分公式.定积分分部积分公式的使用原则与不定积分分部积分公式的使用原则是一致的:当 $f(x) = u(x)v'(x)$ 的原函数不容易求出,而 $u'(x)v(x)$ 容易求出时,可以用分部积分法.在实际计算时,可以采用下面的操作方法:

$$\int_a^b u(x)v'(x)\mathrm{d}x = \int_a^b u(x)\mathrm{d}v(x) = u(x)v(x) \Big|_a^b - \int_a^b v(x)\mathrm{d}u(x)$$

$$= u(x)v(x) \Big|_a^b - \int_a^b u'(x)v(x)\mathrm{d}x.$$

这里第一步是将 $v'(x)\mathrm{d}x$ 写成微分 $\mathrm{d}v(x)$,第二步交换两个函数的位置(交换微分),做分部积分.

例 10　计算 $\int_0^2 x\mathrm{e}^x\mathrm{d}x$.

解　对于 $f(x) = x\mathrm{e}^x$,取 $u(x) = x$,$v'(x) = \mathrm{e}^x$,则根据公式(4.8)

$$\int_0^2 x\mathrm{e}^x\mathrm{d}x = \int_0^2 x\mathrm{d}\mathrm{e}^x = x\mathrm{e}^x \Big|_0^2 - \int_0^2 \mathrm{e}^x\mathrm{d}x$$

$$= 2\mathrm{e}^2 - \mathrm{e}^x \Big|_0^2 = \mathrm{e}^2 + 1.$$

例 11　计算 $\int_0^{\frac{\pi}{2}} x\cos x\mathrm{d}x$.

解　与上题类似,令 $u(x) = x$,$v'(x) = \cos x$,则 $v(x) = \sin x$,于是

$$\int_0^{\frac{\pi}{2}} x\cos x\mathrm{d}x = x\sin x \Big|_0^{\frac{\pi}{2}} - \int_0^{\frac{\pi}{2}} \sin x\mathrm{d}x = \frac{\pi}{2} + \cos x \Big|_0^{\frac{\pi}{2}} = \frac{\pi}{2} - 1.$$

例 12　计算 $\int_1^{\mathrm{e}} \ln x\mathrm{d}x$.

解　显然不用分部积分是无法一下子找到原函数的.令 $u = \ln x$,$v' = 1$,则 $v = x$,于是

$$\int_1^{\mathrm{e}} \ln x\mathrm{d}x = x\ln x \Big|_1^{\mathrm{e}} - \int_1^{\mathrm{e}} x\mathrm{d}\ln x = \mathrm{e} - \int_1^{\mathrm{e}} \mathrm{d}x = \mathrm{e} - (\mathrm{e} - 1) = 1.$$

例 13　计算 $\int_0^{\sqrt{2}} x\ln(1 + x^2)\mathrm{d}x$.

解　这题比较复杂,需要先凑微分,再分部积分.因为

$$\int_0^{\sqrt{2}} x\ln(1 + x^2)\mathrm{d}x = \frac{1}{2}\int_0^{\sqrt{2}} \ln(1 + x^2)\mathrm{d}(1 + x^2)$$

令 $u = 1 + x^2$，则当 $x = 0$ 时，$u = 1$；$x = \sqrt{2}$ 时，$u = 3$，

于是得

$$\int_0^{\sqrt{2}} x\ln(1 + x^2)\,\mathrm{d}x = \frac{1}{2}\int_1^3 \ln u\,\mathrm{d}u$$

$$= \frac{1}{2}u\ln u\,\Big|_1^3 - \frac{1}{2}\int_1^3 u\,\mathrm{d}\ln u = \frac{3}{2}\ln 3 - \frac{1}{2}\int_1^3 \mathrm{d}u$$

$$= \frac{3}{2}\ln 3 - \frac{1}{2}(3 - 1) = \frac{3}{2}\ln 3 - 1.$$

§6 定积分的应用

"忽如一夜春风来,千树万树梨花开".微积分的发明,开启了科学的黄金时代,以前十分艰难的问题,现在变得十分简单.在本章开始时就已经看到,刘徽和阿基米德在计算曲线图形面积时的艰难;德国天文学家兼数学家开普勒(J. Kepler, 1571—1630)曾经注意到,酒商用来计算酒桶体积的方法很不精确,他曾努力探求计算体积的正确方法,写成《测量酒桶体积的新科学》一书,其中使用了无穷多小元素之和来计算面积或体积,虽然蕴含了微积分的思想,但是过程非常繁复.现在微积分的大厦建立起来了,人们只要知道酒桶外形的曲线,利用旋转体的求积公式,计算非常方便.古人曾经费尽精力的成果,在今天,只不过是微积分教科书中的一道习题而已.下面就以平面图形的面积和旋转体的体积作为例子,以窥一斑.

一、平面几何图形的面积

设 $y = f(x)$，$y = g(x)$ 在区间 $[a, b]$ 上连续,且对任意的 $x \in [a, b]$,有 $f(x) \geqslant g(x)$,则由上曲线 $y = f(x)$,下曲线 $y = g(x)$ 及直线 $x = a$ 和 $x = b$ 所围图形(图 4-9)的面积为

$$A = \int_a^b [f(x) - g(x)]\,\mathrm{d}x. \tag{4.9}$$

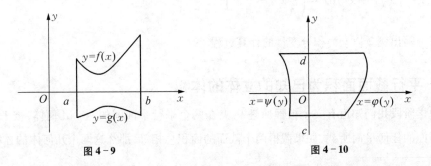

图 4-9   图 4-10

设 $x = \varphi(y)$，$x = \psi(y)$ 在区间 $[c, d]$ 连续,且对任意的 $y \in [c, d]$,有 $\varphi(y) \geqslant \psi(y)$,则由右曲线 $x = \varphi(y)$,左曲线 $x = \psi(y)$ 及直线 $y = c$ 和 $y = d$ 所围图形(图 4-10)的面积为

$$A = \int_c^d [\varphi(y) - \psi(y)] \mathrm{d}y. \tag{4.10}$$

需要指出的是,直线 $x = a$ 和 $x = b$ 有可能退化为一点,也就是两条曲线 $y = f(x)$ 和 $y = g(x)$ 在 $x = a$ 和 $x = b$ 处相交.另一情形也是如此.

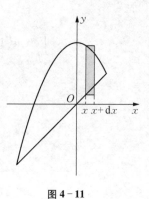

例1 计算由抛物线 $y = 2 - x^2$ 和直线 $y = x$ 所围成图形的面积(图4-11).

解 这里的抛物线是图形的上曲线,而直线是下曲线.我们需要求出这两条曲线的交点坐标,以确定积分区间.

解方程组

$$\begin{cases} y = 2 - x^2, \\ y = x, \end{cases}$$

图4-11

得交点$(-2, -2)$和$(1, 1)$,从而得到此图形在直线 $x = -2$ 和 $x = 1$ 之间.取横坐标 x 为积分变量,它的取值范围为$[-2, 1]$,根据公式(4.9),有

$$A = \int_{-2}^1 [(2 - x^2) - x] \mathrm{d}x = \left(2x - \frac{x^3}{3} - \frac{x^2}{2}\right) \Big|_{-2}^1 = \frac{9}{2}.$$

这是一个典型的阿基米德抛物弓形,我们现在求它的面积可以说是易如反掌.

例2 求由曲线 $y = x^2$ 与 $y = \sqrt{x}$ 所围成平面图形的面积(图4-12).

解 先求两条曲线的交点.为此联立两条曲线的方程

$$\begin{cases} y = x^2, \\ y = \sqrt{x}, \end{cases}$$

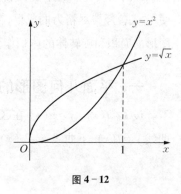

图4-12

求得交点为$(0, 0)$和$(1, 1)$两点,所以图形的面积为

$$A = \int_0^1 (\sqrt{x} - x^2) \mathrm{d}x = \left(\frac{2}{3} x^{\frac{3}{2}} - \frac{1}{3} x^3\right) \Big|_0^1 = \frac{1}{3}.$$

思考 写出例2以 y 为积分变量的计算过程.

二、平行截面面积为已知的立体的体积

在中学阶段我们知道有一个祖暅原理[①]:夹在两个平行平面间的两个几何体,被平行于这两个平行平面的任何平面所截,如果截得两个截面的面积总相等,那么这两个几何体的体积相等.祖

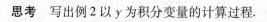

① 祖暅是著名数学家祖冲之(429—500,南北朝)的儿子.父子俩共同发现了祖暅原理:"幂势既同,则积不容异".该原理在欧洲由意大利数学家卡瓦列里(Cavalieri. B, 1589—1647)于17世纪重新发现,比祖暅晚了1100年.所以西文文献一般称该原理为卡瓦列里原理.

暅总结为"幂势既同,则积不容异","势"即是立体的高,"幂"则是截面积.

在历史上,祖暅用这个原理解决了刘徽未能解决的球体的体积公式.今天我们把祖暅原理用积分表达出来.

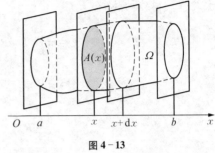

图 4 - 13

如果一个立体,已经知道该立体上的垂直于一定轴的各个截面的面积,如图 4 - 13 所示,我们就可以求出该立体的体积,方法如下:取定轴为 x 轴,并设该立体在过点 $x = a$, $x = b$ 且垂直于 x 轴的两个平面之间.设在 x 处,垂直于 x 轴的平面截立体所得到的截面的面积为 $A(x)$,则根据微元求和,体积的微元是 $dV = A(x)dx$(夹在两块平面 x 和 $x + dx$ 之间薄片的体积看成是一个柱体,体积是底面积 $A(x) \times$ 高 dx),将这些薄片累加起来,就得到该立体的体积

$$V = \int_a^b A(x)dx. \tag{4.11}$$

(4.11)完全解释了祖暅原理:只要被积函数一样(截面积相等),积分区间相同(高相等),积分就一样,也就是体积是一样的!

旋转体是最简单的截面面积为已知的立体,请看下面的例子.

例 3 设旋转体是由连续曲线 $y = f(x)$,直线 $x = a$, $x = b$ 及 x 轴所围成的平面图形绕 x 轴旋转一周而成(图 4 - 14),求该旋转体的体积.

解 首先要求出平行截面的面积.过区间 $[a, b]$ 上任一点 x 作垂直于 x 轴的平面,该平面截旋转体所得的截面是一个半径为 $f(x)$ 的圆,因而旋转体截面面积函数为

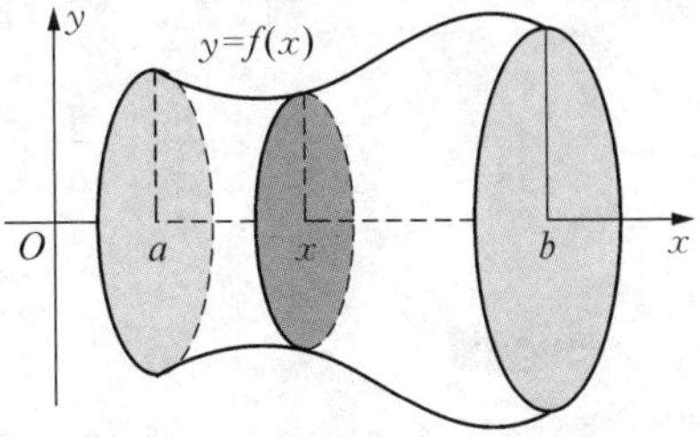

$$A(x) = \pi f^2(x),$$

图 4 - 14

由此得旋转体体积公式为

$$V = \pi \int_a^b f^2(x)dx. \tag{4.12}$$

例 4 求由曲线 $y = \sqrt{x}$,直线 $x = 1$ 及 x 轴围成的平面图形绕 x 轴旋转一周产生的旋转体的体积.

解 容易得到,立体位于两平面 $x = 0$ 和 $x = 1$ 之间,根据公式(4.12),得

$$V = \pi \int_0^1 (\sqrt{x})^2 dx = \pi \int_0^1 x dx = \frac{\pi}{2} x^2 \bigg|_0^1 = \frac{\pi}{2}.$$

例 5 求半径为 R 的球体的体积.

解 半径为 R 的球体可以看成是半径为 R 的半圆绕通过其直径的直线旋转一周得到的旋转体.设半圆的直径所在直线为 x 轴,圆心在原点,半圆(上半圆)的方程为 $y = \sqrt{R^2 - x^2}$, 于是得到球体的体积

$$V = \pi \int_{-R}^{R} (\sqrt{R^2 - x^2})^2 dx = \pi \int_{-R}^{R} (R^2 - x^2) dx$$

$$= \pi R^2 x \Big|_{-R}^{R} - \pi \frac{1}{3} x^3 \Big|_{-R}^{R} = 2\pi R^3 - \frac{2}{3} \pi R^3$$

$$= \frac{4}{3} \pi R^3.$$

得来全不费功夫!

例 6 设平面图形由 $y = \sqrt{x}$,$y = x$ 围成(图 4 - 15),求它绕 x 轴旋转一周所得的旋转体体积.

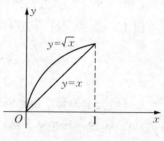

图 4 - 15

解 如图 4 - 15,两条曲线交于 $(0, 0)$ 和 $(1, 1)$ 两点.因此,这个旋转体的体积可以看成由 $y = \sqrt{x}$,$x = 1$ 和 x 轴围成的平面图形绕 x 轴的旋转体的体积,减去由 $y = x$,$x = 1$ 和 x 轴围成的平面图形绕 x 轴的旋转体的体积.于是有

$$V = \pi \int_0^1 (\sqrt{x})^2 dx - \pi \int_0^1 x^2 dx = \pi \int_0^1 x dx - \frac{1}{3} \pi x^3 \Big|_0^1$$

$$= \frac{\pi}{2} - \frac{\pi}{3} = \frac{\pi}{6}.$$

微课5

思考题

1. 如图 4 - 16 所示,函数 f 的图形由 4 个半圆形构成,设函数 $g(x) = \int_0^x f(t) dt$,$g(x)$ 非负范围在哪里?

2. 设 $f(x)$ 连续,$u(x)$ 及 $v(x)$ 可导,函数 $F(x) = \int_{v(x)}^{u(x)} f(t) dt$,如何求 $F'(x)$?

3. 当 x 为何值时,$I(x) = \int_o^x t e^{-t^2} dt$ 有极值?

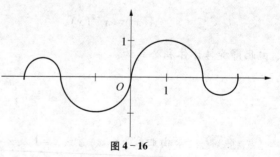

图 4 - 16

习 题 四

1. 根据定积分的几何意义, 求 $\int_0^2 \sqrt{4 - x^2}\,\mathrm{d}x$ 的值.

2. 求 $\dfrac{\mathrm{d}}{\mathrm{d}x}\displaystyle\int_a^b \arctan x\,\mathrm{d}x$.

3. 求下列函数的导数:

(1) $\varPhi(x) = \displaystyle\int_0^x t^5 \sin t\,\mathrm{d}t$;

(2) $\varPhi(x) = \displaystyle\int_x^1 t^2 \arctan t\,\mathrm{d}t$;

(3) $\varPhi(x) = \displaystyle\int_0^x \sin t\,\mathrm{d}t$;

(4) $\varPhi(x) = \displaystyle\int_{x^3}^1 \sqrt{t}\ln(1 + t^2)\,\mathrm{d}t$.

4. 计算下列不定积分:

(1) $\displaystyle\int\left(\sqrt[3]{x} - \frac{1}{\sqrt{x}}\right)\mathrm{d}x$;

(2) $\displaystyle\int(\mathrm{e}^x + x^2)\,\mathrm{d}x$;

(3) $\displaystyle\int\left(\sqrt{x} - \frac{1}{x^2}\right)x\,\mathrm{d}x$;

(4) $\displaystyle\int\frac{\sqrt{x^2 + x^{-2} + 2}}{x^2}\mathrm{d}x$;

(5) $\displaystyle\int\frac{x^2}{1 + x^2}\mathrm{d}x$;

(6) $\displaystyle\int\frac{3x^4 + 3x^2 + 1}{x^2 + 1}\mathrm{d}x$;

(7) $\displaystyle\int \mathrm{e}^x\left(1 - \frac{\mathrm{e}^{-x}}{x}\right)\mathrm{d}x$;

(8) $\displaystyle\int\frac{\cos 2x}{\cos^2 x \sin^2 x}\mathrm{d}x$.

5. 用换元法(凑微分法)计算下列不定积分:

(1) $\displaystyle\int \mathrm{e}^{3x}\,\mathrm{d}x$;

(2) $\displaystyle\int(3x + 2)^5\,\mathrm{d}x$;

(3) $\displaystyle\int\frac{\mathrm{d}x}{1 - 2x}$;

(4) $\displaystyle\int\frac{\mathrm{d}x}{\sqrt[3]{2 - 3x}}$;

(5) $\displaystyle\int\frac{x}{\sqrt{2 - 3x^2}}\mathrm{d}x$;

(6) $\displaystyle\int\frac{\sin\sqrt{x}}{\sqrt{x}}\mathrm{d}x$;

(7) $\displaystyle\int\frac{1}{x^2}\sin\frac{1}{x}\mathrm{d}x$;

(8) $\displaystyle\int\frac{\mathrm{d}x}{x\ln x}$;

(9) $\displaystyle\int\frac{\mathrm{e}^x}{1 + \mathrm{e}^{2x}}\mathrm{d}x$;

(10) $\displaystyle\int\frac{x\,\mathrm{d}x}{\sqrt{9 - x}}$;

(11) $\displaystyle\int\frac{\mathrm{d}x}{\mathrm{e}^x + \mathrm{e}^{-x}}$;

(12) $\displaystyle\int\sin^5 x\cos x\,\mathrm{d}x$;

(13) $\displaystyle\int\sin^3 x\cos^2 x\,\mathrm{d}x$.

6. 计算下列定积分:

(1) $\displaystyle\int_0^1 x^2(2 + x^3)\,\mathrm{d}x$;

(2) $\displaystyle\int_1^2 \frac{1}{x^2}\mathrm{d}x$;

(3) $\displaystyle\int_0^2 \sqrt{x}(x^2 - 1)\,\mathrm{d}x$;

(4) $\displaystyle\int_0^{\frac{\pi}{4}} \sin x\,\mathrm{d}x$;

(5) $\int_0^1 \dfrac{e^x}{\ln 2}dx$;

(6) 设 $f(x) = \begin{cases} x^2, & 0 \leqslant x < 1, \\ e^x, & 1 \leqslant x \leqslant 2, \end{cases}$ 求 $\int_0^2 f(x)$.

7. 用凑微分法计算下列定积分：

(1) $\int_0^1 \dfrac{x}{(x^2 + 1)}dx$;

(2) $\int_0^2 x\sin x^2 dx$;

(3) $\int_1^e \dfrac{\ln x}{x}dx$;

(4) $\int_0^{\frac{\pi}{6}} \cos 3x dx$;

(5) $\int_0^1 e^{-2x}dx$;

(6) $\int_0^{\frac{\pi}{2}} \sin x\cos x dx$;

(7) $\int_0^1 \dfrac{e^x}{1 + e^x}dx$;

(8) $\int_0^{\frac{\pi}{2}} \cos^2 x dx$;

(9) $\int_{-1}^1 \dfrac{x}{5 - 4x}dx$;

(10) $\int_0^1 \dfrac{e^x}{1 + e^{2x}}dx$;

(11) $\int_0^{\frac{\pi}{2}} \dfrac{\cos x}{1 + \sin^2 x}dx$.

8. 用分部积分法计算下列定积分：

(1) $\int_1^3 x\ln x dx$;

(2) $\int_0^1 xe^{-x}dx$;

(3) $\int_0^{e-1} \ln(x + 1)dx$;

(4) $\int_0^1 \arctan x dx$.

9. 利用函数奇偶性计算下列定积分：

(1) $\int_{-\frac{\pi}{2}}^{\frac{\pi}{2}} x^2\arctan x dx$;

(2) $\int_{-1}^1 \dfrac{1 + \sin x}{1 + x^2}dx$.

10. 求下列各曲线所围平面图形的面积：

(1) $y = x^2, y = x + 2$;

(2) $y = \sin x (0 \leqslant x \leqslant 2\pi)$, x 轴;

(3) $y = \dfrac{1}{x}, y = 4x, x = 2$.

11. (1) 求由曲线 $y = 5x^4$ 与直线 $x = 1$ 及 x 轴所围成的平面图形的面积；

(2) 求由上述平面图形绕 x 轴旋转一周所得的旋转体体积.

12. (1) 求由曲线 $y = e^{3x}$ 与直线 $x = 2$ 及 x 轴和 y 轴所围成的平面图形的面积；

(2) 求由上述平面图形绕 x 轴旋转一周所得的旋转体体积.

13. 求由曲线 $y = 2x$ 及 $y = x^2$ 所围成的平面图形绕 x 轴旋转一周所得的旋转体的体积.

第五章 微分的进一步应用——微分方程

什么是方程？中学数学教材中把含有未知数的等式叫方程.这个定义只是一种外形的描述.实际上,方程是为了求得未知数,在未知数和已知数之间建立起来的一种等式关系.

在这一章中,我们把含有未知函数导数的方程,称为**微分方程**;方程中出现的未知函数导数的最高阶数称为**微分方程的阶**.求微分方程的解,就是寻求满足微分方程的未知函数.通过微分方程寻求未知函数,是借助该函数的导函数和已知函数之间的"关系",最后把"未知函数"找出来.下面介绍几个最简单的一阶微分方程,以及这些微分方程的求解方法,到微分方程的世界中去领略一番.

§1 微分方程的实例

一、最简单的微分方程 $y'(t) = y(t)$

有一种变化过程,其速度的变化和本身大小相等,即 $y(t)$ 大,速度也一样大,$y(t)$ 小,速度也一样小.

这时,我们想起基本求导公式中的函数 e^t,它的导数就是它本身:

$$(e^t)' = e^t,$$

所以 e^t 满足微分方程 $y'(t) = y(t)$,是方程的一个解.容易验证,Ce^t（其中 C 是任意的常数）是 $y'(t) = y(t)$ 的全部解.

二、微分方程 $y'(t) = ky(t)$

这一段要研究的微分方程较前面的方程 $y' = y$ 多了一个参数 k,它的适用范围就广得多了.我们看一些满足这个类型方程的实际例子(前两个例子是增长,k 是正数,第三个例子是"衰减",k 是负数,有些例子在第一章已经介绍过).

例1 人口增长模型.人口数量的增长与人口的基数有关,人口底数越大,人口增长越快,因为能生孩子的人多,出生孩子就多,所以人口数量的变化率与当时人口数量成正比.

例2 疾病传染.如果被流感感染患病者数量越多,流感感染与扩散就会蔓延得越快.与上例相同,传染病的感染率与感染人口成正比.

例3 碳14测定.碳14在某生物活体中的比例是固定的.该生物体死亡之后,按照一定的速度衰减,^{14}C 越多,衰减越快,^{14}C 越少,衰减越慢.从数学上看,^{14}C 的衰减速率与 ^{14}C 的数量成正比,不过因为是衰减,所以比例系数是负的.根据 ^{14}C 半衰期,以及测得的生物体内 ^{14}C 的数量,就可以计算出该生物体的考古年龄.

以上三个例子,总结起来,用数学描述就是:设 y_0 为初始时刻的物质数量,$y(t)$ 为在 t 时刻的数量,如果在 t 时刻的变化率(单位时间内物质的变化)$\dfrac{\mathrm{d}y(t)}{\mathrm{d}t}$ 与 $y(t)$ 成比例关系,比率系数为 k,那么,可得微分方程

$$\frac{\mathrm{d}y(t)}{\mathrm{d}t} = ky(t), \tag{5.1}$$

这就是本小段要研究的微分方程.

容易验证(5.1)的解为 $y(t)=Ce^{kt}$(如何得到方程(5.1)的解留在 §2 讨论),其中 C 是任意的常数.但是上面的例子中,在初始时刻($t=0$),物质的数量为 y_0,即满足**初始条件**

$$y\mid_{t=0} = y_0, \text{或} \ y(0) = y_0. \tag{5.2}$$

根据这个条件,可以确定任意常数:$y_0 = Ce^0 = C$,即

$$y(t) = y_0 e^{kt}. \tag{5.3}$$

这就是我们要求的在时刻 t 的物质的数量,它可以是时刻 t 的人口数、流感患者人数或碳14的残留数(由此可以推断出土文物的年代).关键在于比例系数 k 的确定.

在第一章 §2 例2 中已经指出,碳14的衰减系数 $k=-0.0001209$,所以 ^{14}C 含量与时间之间的函数关系是

$$p = p_0 e^{-0.0001209t},$$

于是我们清楚了这个关系式是如何得来的.

人口模型的函数关系(第一章 §2 例4)也是同样得到的.

例4 连续复利.这里回头再看第一章和第二章曾经提及的连续复利问题.由第二章的推导,知年利率为 r,本金为 A_0,n 年的连续复利公式是

$$A = A_0 e^{nr}.$$

连续复利,可以理解为在无穷小时段的利率下,累积起来的本利和.

下面用微分方程观点分析连续复利.

设 A_0 为本金(初始时刻只有本金),$A(t)$ 为在 t 时的本利和,如果我们规定在每个时刻 t,本利

和 $A(t)$ 能够产生利率为 k 的利息,即 $kA(t)$,同时,它又可以看作单位时间内本利和的变化率 $\dfrac{\mathrm{d}A(t)}{\mathrm{d}t}$.二者相等,于是有

$$\frac{\mathrm{d}A(t)}{\mathrm{d}t} = kA(t).$$

这就是连续复利所满足的微分方程.它的解是 $A(t) = Ce^{kt}$(其中 C 是任意常数).因 $A_0 = Ce^0 = C$,最后得到

$$A(t) = A_0 e^{kt},$$

与前面第一章得到的公式一致.并且与前面三个例子无论是方程还是解的形式完全一致,同样是以 e 为底的指数函数!

可以看到,人口的增加(其他生物增长也是如此)、碳 14 的衰减、疾病的蔓延、连续复利,都是一个相同的数学模型,其中又和常数 e 联系在一起.数学是如此和谐和统一,令人赞叹.

§2　简单一阶微分方程的求解

本节来讨论微分方程的求解,一方面是为了解决上节留下的问题,另一方面我们确实需要知道微分方程是怎样求解的,到微分方程的世界中再深入了解一番.

一、求解方程 $y'(t) = ky(t)$

把方程 $\dfrac{\mathrm{d}y}{\mathrm{d}t} = ky$ 改写为($\mathrm{d}y$ 和 $\mathrm{d}t$ 都是微分)

$$\frac{\mathrm{d}y}{y} = k\mathrm{d}t,$$

对两边求不定积分,

$$\int \frac{\mathrm{d}y}{y} = k\int \mathrm{d}t,$$

得到 $\ln|y| = kt + C_1$,去掉对数和绝对值,就是 $y = \pm e^{C_1}e^{kt} = Ce^{kt}$,其中 $C = \pm e^{C_1}$ 是任意常数,这是求不定积分的结果.

如果微分方程的解含有任意常数,我们称这个解为该微分方程的**通解**.所以 $y = Ce^{kt}$ 是方程 (5.1) 的通解.

在实际情况中,往往需要找到满足初始条件的解,如(5.3)就是满足初始条件(5.2)的解.当用初始条件确定了通解中的任意常数,得到的解就称为该微分方程的**特解**,因此(5.3)就是微分方程(5.1)满足初始条件(5.2)的特解.

二、可分离变量型微分方程的求解

在解决了上节遗留问题后,我们要把问题稍微变得复杂一些,将微分方程 $y'(t) = ky(t)$ 的形式推广,把方程右边的 ky 改成 $f(x)g(y)$,即考虑形如

$$y' = f(x)g(y) \tag{5.4}$$

的一阶微分方程,这里假定右边的函数 $f(x)$ 和 $g(y)$ 分别是 x 和 y 的连续函数.这个方程的特点就是 x 和 y 两个变量是分离的,因此称为**可分离变量型**微分方程,是最简单的一类微分方程.

下面就来求解方程(5.4).

当 $g(y) \neq 0$ 时,将(5.4)改写为

$$\frac{dy}{g(y)} = f(x) dx, \tag{5.5}$$

即把未知函数 y 及其微分 dy 与自变量 x 及其微分 dx 分离在等号两边,这一步骤一般称为"分离变量".由于 $\frac{1}{g(y)}$,$f(x)$ 都是连续函数,因此都有原函数.设 $G(y)$,$F(x)$ 分别是 $\frac{1}{g(y)}$,$f(x)$ 的一个原函数,对(5.5)式两边作不定积分,得到

$$G(y) = F(x) + C. \tag{5.6}$$

由(5.6)确定的隐函数 $y = y(x, C)$ 一定是方程(5.4)或(5.5)的通解.

注 方程 $F(x, y) = 0$ 满足一定条件下可以确定一个函数关系 $y = y(x)$,通常把函数 $y = y(x)$ 叫做由方程 $F(x, y) = 0$ 所确定的隐函数.

例1 求微分方程 $\dfrac{dy}{dx} = -\dfrac{x}{y}$ 的通解和满足初始条件 $y|_{x=0} = 1$ 的特解.

解 这是可分离变量型方程,首先分离变量,得

$$ydy = -xdx,$$

两边分别求不定积分,得到

$$y^2 = -x^2 + C \text{ 或 } y^2 + x^2 = C(C \geq 0).$$

显然可以看出,方程的通解在几何上表示半径为 $\sqrt{C}$ 的圆(无穷多个!).

根据初始条件,用 $y|_{x=0} = 1$ 代入上式,$1^2 + 0^2 = C^2$,得 $C = 1$.因此特解为 $y^2 + x^2 = 1$,这是满足初始条件 $y|_{x=0} = 1$ 的特解.特解在几何上是过点 $(0, 1)$、半径为 1 的圆(图 5-1).

例2 求微分方程 $\dfrac{dy}{dx} = \dfrac{y}{1 + x^2}$ 的通解.

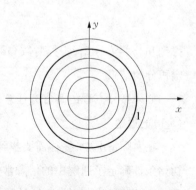

图 5-1

解 分离变量,当 $y \neq 0$ 时,有

$$\frac{\mathrm{d}y}{y} = \frac{\mathrm{d}x}{1 + x^2},$$

两边求不定积分,得到

$$\ln |y| = \arctan x + C_1,$$

去掉对数和绝对值,

$$y = \pm \mathrm{e}^{\arctan x + C_1} = \pm \mathrm{e}^{C_1} \mathrm{e}^{\arctan x}.$$

由于 $\pm \mathrm{e}^{C_1}$ 仍然是任意常数,将其记为 C,于是就得到方程的通解

$$y = C \mathrm{e}^{\arctan x}.$$

例 3 求微分方程 $2x(1 + y^2)\mathrm{d}x = (1 + x^2)\mathrm{d}y$ 的通解.

解 分离变量,得

$$\frac{2x}{1 + x^2}\mathrm{d}x = \frac{y}{1 + y^2}\mathrm{d}y,$$

两边求不定积分,得到

$$\ln(1 + x^2) = \frac{1}{2}\ln(1 + y^2) + C_1,$$

去掉对数,得

$$1 + x^2 = \mathrm{e}^{C_1}(1 + y^2)^{\frac{1}{2}}.$$

于是方程的通解为

$$1 + x^2 = C(1 + y^2)^{\frac{1}{2}},$$

其中 $C = \mathrm{e}^{C_1} > 0$ 为大于 0 的任意常数.

注 例 3 的解是用隐函数给出的,我们称这个解为微分方程的**隐式解**.

例 4 已知曲线 $y = f(x)$ 在任一点 $M(x, y)$ 处的切线斜率为 $x^2 y$,且曲线过点 $(2, 1)$,求此曲线的方程.

解 根据题意知 $\frac{\mathrm{d}y}{\mathrm{d}x} = x^2 y$,分离变量得

$$\frac{\mathrm{d}y}{y} = x^2 \mathrm{d}x,$$

积分得

$$\ln y = \frac{1}{3}x^3 + C,$$

又曲线通过点$(2, 1)$,可得

$$0 = \frac{1}{3}2^3 + C, \quad C = -\frac{8}{3}.$$

故所求曲线方程为

$$\ln y = \frac{1}{3}x^3 - \frac{8}{3}.$$

这也是一个隐式解.这个隐式解可以显化为$y = e^{\frac{1}{3}x^3 - \frac{8}{3}}$.

例5 化学反应问题.设一个化学反应是由物质A通过化学反应生成物质B.因此在这个化学反应中,物质A(称为反应物)逐渐减少,而物质B(称为生成物)逐渐增加.假设,反应的速度与反应物A的浓度成正比.求在反应过程中生成物B的浓度y与时间t的关系.

解 设在反应开始时(即$t = 0$时)A的浓度为a,B的浓度为0.由于在反应中,一摩尔的A物质生成一摩尔的B物质;而在时刻t,B的浓度为y,因此在时刻t,A的浓度就是$a - y$.化学反应的速度就是反应中生成物B的浓度y关于时间t变化率,所以有关系式

$$\frac{dy}{dt} = k(a - y),$$

这里$k > 0$为比例常数.分离变量并作不定积分,得到

$$\frac{dy}{a - y} = kdt, \quad -\ln(a - y) = kt + C_1,$$

去掉对数就是$\dfrac{1}{a - y} = Ce^{kt}(C = e^{C_1})$.

再由初始条件$y(0) = 0$,得到$C = \dfrac{1}{a}$,于是化学反应中生成物B的浓度y与时间t的关系就是

$$y = a(1 - e^{-kt}).$$

这里又得到了一个与e有关的数学模型.化学反应也与e有关,自然界确实是太奇妙了.

欣赏 麦克斯韦微分方程与电磁波

电磁波的发现具有传奇色彩,是理论走在实验之前的经典例子.1864年,英国数学家、物理学家麦克斯韦(James Clerk Maxwell, 1831—1879)在总结前人研究电磁现象的基础上,建立了完整的电磁学理论,这个理论的核心是"麦克斯韦微分方程组".麦克斯韦从理论上确定了电磁波的存

在性,并推导出电磁波与光具有同样的传播速度.但当时物理学家们还没有在实验室和大自然中发现电磁波.

14 年后的 1888 年,德国物理学家赫兹(Heinrich Rudolf Hertz, 1857—1894)用实验证实了电磁波的存在(所以电磁波频率的单位用"赫兹"表示).之后,1898 年,意大利无线电工程师、发明家马可尼(Guglielmo Marconi, 1874—1937)又进行了许多实验,不仅证明光是一种电磁波,而且发现了更多形式的电磁波,它们的本质完全相同,只是波长和频率有很大的差别.

电磁波(波长从长到短)可以分为:无线电波、微波、红外线、可见光、紫外线、伦琴射线(X 射线)、伽玛射线.

现在电磁波在很多领域都有应用,特别是在通讯、探测和定位领域.可以这么说现代科学技术、社会生活各个方面都离不开电磁波.

无线电波用于通信等;

微波用于微波炉、卫星通信、移动通讯等;

红外线用于遥控、热成像仪、红外制导导弹等;

可见光是所有生物用来观察事物的基础;

紫外线用于医用消毒、验证假钞、测量距离、工程上的探伤等;

X 射线是由于原子中的电子在能量相差悬殊的两个能级之间的跃迁而产生的粒子流,其波长很短,约介于 0.01—100 埃之间.X 射线具有很高的穿透本领,广泛用于医学,如 X 光片和 CT;

γ(伽马)射线是原子核能级跃迁退激时释放出的射线,是波长短于 0.01 埃的电磁波.γ 射线有很强的穿透力,工业中可用来探伤或流水线的自动控制.γ 射线对细胞有杀伤力,医疗上用来治疗肿瘤.

图 5-2　麦克斯韦

图 5-3　赫兹

图 5-4　马可尼

习 题 五

1. 验证函数 $y = 2 + Ce^{-x^2}$（其中 C 是任意常数）是微分方程 $y' + 2xy = 4x$ 的通解；并求其满足初始条件 $y(0) = 1$ 的特解.

2. 求下列微分方程的通解：

(1) $y' - y = 0$；

(2) $\dfrac{dy}{dx} = 2xy$；

(3) $y' = e^{x+y}$；

(4) $y' + 2x = 0$；

(5) $y' = 2x\sqrt{1 - y^2}$；

(6) $2yy' = (1 + y)^2 e^x$；

(7) $xy' - y\ln y = 0$；

(8) $\sqrt{1 + x^2}\,\dfrac{dy}{dx} = \sqrt{1 + y^2}$.

3. 求下列微分方程满足所给初始条件的特解：

(1) $y' = 1 + x^2, y|_{x=0} = 1$；

(2) $xy\,dx + \sqrt{1 + x^2}\,dy, y|_{x=0} = 1$.

4. 设函数 $y = (1 + x)^2 u(x)$ 是方程 $y' - \dfrac{2}{1 + x}y = (1 + x)^3$ 的通解，求 $u(x)$.

5. 已知一曲线 $y = f(x)$ 经过点 $A(1, 1)$，且在该曲线上任一点 $M(x, y)$ 处的切线斜率为 $2xy^2$，求该曲线方程.

6. 设某商品的需求量 Q 是价格 p 的函数：$Q = f(p)$（称为需求函数），量 $-\dfrac{p}{Q}\dfrac{dQ}{dp}$ 称为需求对价格的弹性（其意义是，价格为变化 1% 时，需求量变化的百分数）.现已知该商品的弹性 $-\dfrac{p}{Q}\dfrac{dQ}{dp} = 1$，且当价格 $p = 1$ 时，需求量 $Q = 5000$，求该商品的需求函数 $Q = f(p)$.

第六章 处理线性关系的数学——线性代数

本章关注具有线性关系的量.记得在学习微分时,我们对微分的描述是"函数在局部的线性化",为什么要"线性化"呢? 因为线性关系是最简单的一种数学关系,简单的往往是有用的.线性代数的研究对象就是具有线性关系的数学问题.线性代数现在已经广泛应用于各个学科,如在密码通讯、观测导航、机器人位移、化学分子结构的稳定性分析中都有应用.

线性这个词在学习微分时已经提起过,中学数学中的一元一次方程、二元一次方程就是"线性方程",一次就是线性.

从宏观上讲,函数与方程是两个数学研究的重要主题.前面的微积分涉及的主题是函数,现在我们来讨论方程组,最简单的方程组——线性方程组及与之相关的矩阵和行列式.

§1 矩阵和行列式

一、线性方程组求解

中学学习二元一次方程组或者三元一次方程组的求解,基本有两种方法,其中一种是消元法,如二元一次方程组

$$\begin{cases} a_{11}x_1 + a_{12}x_2 = b_1, \\ a_{21}x_1 + a_{22}x_2 = b_2. \end{cases} \tag{6.1}$$

在消元过程中,实际上只是对未知数前面的系数进行运算,未知数是不变的. 所以,我们可以把方程组的系数直接拿来制成一个表(数表):

$$\begin{bmatrix} a_{11} & a_{12} \\ a_{21} & a_{22} \end{bmatrix}.$$

加括号是为了表示这几个数是一个整体.
甚至可以把常数项一起拿来制成数表:

$$\begin{bmatrix} a_{11} & a_{12} & b_1 \\ a_{21} & a_{22} & b_2 \end{bmatrix}. \tag{6.2}$$

这样对二元一次方程组(6.1)实施消元法,就可以转变为对数表(6.2)进行相应的运算.这种数表数学家们给了一个新的称呼:矩阵.由于省去了未知数,矩阵看上去要比方程组简单多了,可以提高计算效率,同时也减少了出错的可能性.

对(6.1)实施消元法求解:

将(6.1)中第一个方程乘 a_{22},第二个方程乘 a_{12},再将两式相减,得

$$(a_{11}a_{22} - a_{12}a_{21})x_1 = b_1 a_{22} - b_2 a_{12},$$

设 $a_{11}a_{22} - a_{12}a_{21} \neq 0$,那么从上式解得

$$x_1 = \frac{b_1 a_{22} - b_2 a_{12}}{a_{11}a_{22} - a_{12}a_{21}}.$$

将(6.1)中第二个方程乘 a_{11},第一个方程乘 a_{21},再将两式相减,得

$$(a_{11}a_{22} - a_{12}a_{21})x_2 = b_2 a_{11} - b_1 a_{21},$$

从而

$$x_2 = \frac{b_2 a_{11} - b_1 a_{21}}{a_{11}a_{22} - a_{12}a_{21}}.$$

可以看到二元一次方程组的解是方程的系数项和常数项经过加减乘除后得到的,而且是有一定规律的.这实际上是中学学过的第二种解法:行列式解法,或者叫克莱姆法则.由高中相关知识可知,上述解的分子分母都是某个二阶行列式的值.行列式是数学家在研究线性方程组求解时引入的一种运算方法.

从上面的例子看到,为了方便地求解线性方程组,引入矩阵和行列式是非常必要的,也是数学发展的必然过程.下面首先来看矩阵的概念.

二、矩阵

1. 矩阵的概念

所谓**矩阵**,简单地说就是一个矩形的数表.下面是一个 $2×3$ 矩阵(即二行三列的数表)的例子:

$$\begin{bmatrix} 3 & 7 & 1.1 \\ 0 & -2.3 & 4 \end{bmatrix}.$$

为了方便起见,通常用大写英文字母来表示一个矩阵.如上述矩阵可以用 A 来表示,即

$$A = \begin{bmatrix} 3 & 7 & 1.1 \\ 0 & -2.3 & 4 \end{bmatrix}.$$

同样为了方便,也可以将一个矩阵 B 记作 $B = (b_{ij})_{n×m}$,表示矩阵 B 是一个 n 行 m 列的矩阵,而 B 的第 i 行、第 j 列的元素是 b_{ij}.例如上面矩阵 A 可表示为 $A = (a_{ij})_{2×3}$,其中的 $a_{11} = 3$, $a_{21} = 0$.

两个矩阵 A 与 B,如果它们的行数和列数都相同,且每个对应位置的元素也都相等,就称 A

与 $\boldsymbol{B}$ 相等,记作 $\boldsymbol{A}=\boldsymbol{B}$. 例如

$$\begin{bmatrix} 1 & 0 \\ 0 & -1 \end{bmatrix} = \begin{bmatrix} \cos 0 & \sin 0 \\ \sin \pi & \cos \pi \end{bmatrix}.$$

但是

$$\begin{bmatrix} 0 & 0 \\ 0 & 0 \end{bmatrix} \neq \begin{bmatrix} 0 & 0 & 0 \\ 0 & 0 & 0 \end{bmatrix}.$$

这是因为虽然上述不等号两边矩阵中的元素都为 0,可是左边的矩阵是二行二列的,但右边的矩阵却是二行三列的.

一个 $m \times n$ 矩阵,如果它的所有元素全是 0,那么我们就称这个矩阵为**零矩阵**.记作 $\boldsymbol{O}_{m \times n}$,在不致混淆的情况下简记为 $\boldsymbol{O}$.上述例子说明,$\boldsymbol{O}_{2 \times 2} \neq \boldsymbol{O}_{2 \times 3}$.

一个 n 行 n 列的矩阵称为一个 n 阶方阵.如果 $\boldsymbol{A}$ 是一个 n 阶**方阵**,我们也可将 $\boldsymbol{A}$ 记作 $\boldsymbol{A}_n$.容易看出,一个一阶方阵 $\boldsymbol{A}=(a)_1$ 实际上就等同于数 a.

2. 矩阵的基本运算

1^0. 矩阵的加法和数乘

假设 $\boldsymbol{A}=(a_{ij})$,$\boldsymbol{B}=(b_{ij})$ 都是 $m \times n$ 阶矩阵,我们称

$$\boldsymbol{C} = \begin{bmatrix} a_{11}+b_{11} & a_{12}+b_{12} & \cdots & a_{1n}+b_{1n} \\ a_{21}+b_{21} & a_{22}+b_{22} & \cdots & a_{2n}+b_{2n} \\ \vdots & \vdots & & \vdots \\ a_{m1}+b_{m1} & a_{m2}+b_{m2} & \cdots & a_{mn}+b_{mn} \end{bmatrix}$$

为矩阵 $\boldsymbol{A}$ 与 $\boldsymbol{B}$ 的和,记作 $\boldsymbol{C}=\boldsymbol{A}+\boldsymbol{B}$.

例 1　设矩阵

$$\boldsymbol{A} = \begin{bmatrix} 2 & -1 \\ 0 & 7 \\ 4 & 9 \end{bmatrix}, \boldsymbol{B} = \begin{bmatrix} 3 & 2 \\ 5 & -2 \\ -1 & 4 \end{bmatrix}, \boldsymbol{C} = \begin{bmatrix} -1 & 2 & 0 \\ 2 & -2 & 0 \\ 18 & 8 & 0 \end{bmatrix}.$$

那么

$$\boldsymbol{A}+\boldsymbol{B} = \begin{bmatrix} 2+3 & (-1)+2 \\ 0+5 & 7+(-2) \\ 4+(-1) & 9+4 \end{bmatrix} = \begin{bmatrix} 5 & 1 \\ 5 & 5 \\ 3 & 13 \end{bmatrix}.$$

但是,$\boldsymbol{A}+\boldsymbol{C}$ 没有意义,这是因为 $\boldsymbol{A}$ 是 3×2 矩阵,而 $\boldsymbol{C}$ 是 3×3 矩阵.因此,根据矩阵加法的定义,两者不能相加.

利用矩阵的加法定义,可以定义矩阵的减法,为此首先定义负矩阵.

如果矩阵 $A = (a_{ij})$,那么称 $(-a_{ij})$ 为 A 的**负矩阵**,记为 $-A$.如

$$A = \begin{bmatrix} 2 & 0 & -1 \\ -4 & 5 & 8 \end{bmatrix},$$

的负矩阵就是

$$-A = \begin{bmatrix} -2 & 0 & 1 \\ 4 & -5 & -8 \end{bmatrix}.$$

如果 A、B 是行数和列数相同的矩阵,那么我们规定

$$A - B = A + (-B).$$

例 2 设

$$A = \begin{bmatrix} 2 & -1 \\ 3 & 5 \end{bmatrix}, B = \begin{bmatrix} 2 & 3 \\ -1 & 5 \end{bmatrix},$$

求 $A + B$ 与 $A - B$.

解 $A + B = \begin{bmatrix} 4 & 2 \\ 2 & 10 \end{bmatrix}$, $A - B = \begin{bmatrix} 2-2 & (-1)-3 \\ 3-(-1) & 5-5 \end{bmatrix} = \begin{bmatrix} 0 & -4 \\ 4 & 0 \end{bmatrix}.$

从矩阵的加法、减法运算的定义中看到,两个行数和列数相同的矩阵可以进行加减运算.

容易验证,矩阵的加法满足如下的运算性质.对于矩阵 A, B, C,有

(1) 交换律:$A + B = B + A$.

(2) 结合律:$(A + B) + C = A + (B + C)$.

(3) 存在零矩阵 O,使得 $A + O = O + A = A$.

(4) 对于矩阵 A,存在负矩阵 $-A$,使得 $A + (-A) = (-A) + A = O$.

如果 $A = (a_{ij})$ 是 $m \times n$ 矩阵,k 是任意实数,那么 k 与 A 的**数乘** $k \cdot A$(或 kA)仍是一个 $m \times n$ 矩阵,其定义为:

$$kA = \begin{bmatrix} ka_{11} & ka_{12} & \cdots & ka_{1n} \\ ka_{21} & ka_{22} & \cdots & ka_{2n} \\ \vdots & \vdots & & \vdots \\ ka_{m1} & ka_{m2} & \cdots & ka_{mn} \end{bmatrix}.$$

例 3 已知矩阵

$$A = \begin{bmatrix} 2 & -4 & 10 \\ 0 & 72 & 90 \\ -2 & 6 & 4 \end{bmatrix},$$

那么

$$0.5A = \begin{bmatrix} 1 & -2 & 5 \\ 0 & 36 & 45 \\ -1 & 3 & 2 \end{bmatrix}.$$

可以验证,矩阵的数乘满足以下性质.对于数 k, l 与矩阵 A, B,有

(1) $(k + l)A = kA + lA$.

(2) $k(A + B) = kA + kB$.

(3) $(kl)A = k(lA)$.

(4) $1 \cdot A = A$.

2^0. 矩阵的转置

对于任意 $m \times n$ 矩阵 $A = (a_{ij})$,我们定义一个新的 $n \times m$ 矩阵

$$\begin{bmatrix} a_{11} & a_{21} & \cdots & a_{m1} \\ a_{12} & a_{22} & \cdots & a_{m2} \\ \vdots & \vdots & & \vdots \\ a_{1n} & a_{2n} & \cdots & a_{mn} \end{bmatrix}$$

称它为矩阵 A 的**转置矩阵**,记作 A^{T}.事实上,矩阵 A 的转置矩阵就是将 A 的行列互换后所得到的矩阵.

例4 已知矩阵

$$A = \begin{bmatrix} 2 & 3 & -1 \end{bmatrix}, B = \begin{bmatrix} 5 \\ -7 \end{bmatrix}, C = \begin{bmatrix} 2 & 5 & 1 \\ -1 & 3 & 4 \end{bmatrix}.$$

那么它们的转置矩阵分别为

$$A^{\mathrm{T}} = \begin{bmatrix} 2 \\ 3 \\ -1 \end{bmatrix}, B^{\mathrm{T}} = \begin{bmatrix} 5 & -7 \end{bmatrix}, C^{\mathrm{T}} = \begin{bmatrix} 2 & -1 \\ 5 & 3 \\ 1 & 4 \end{bmatrix}.$$

可以验证,矩阵的转置具有如下的性质.设 A, B 是矩阵,k 是数,则有

(1) $(A^{\mathrm{T}})^{\mathrm{T}} = A$.

(2) $(A \pm B)^{\mathrm{T}} = A^{\mathrm{T}} \pm B^{\mathrm{T}}$.

(3) $(kA)^{\mathrm{T}} = kA^{\mathrm{T}}$.

如果一个矩阵 A 满足 $A^{\mathrm{T}} = A$,则称 A 为**对称矩阵**;如果矩阵 A 满足 $A^{\mathrm{T}} = -A$,那么称 A 为**反对称矩阵**.

当 A 是 $m \times n$ 矩阵时,A^{T} 是 $n \times m$ 矩阵.因此 A 是对称矩阵或反对称矩阵时,必有 $m = n$.也就是

说对称矩阵或反对称矩阵一定是方阵.设 $A = (a_{ij})$ 是 n 阶对称矩阵(或反对称矩阵),那么 $a_{ij} = a_{ji}$(或 $a_{ij} = -a_{ji}$),对一切 $i, j (1 \leq i, j \leq n)$ 成立.

例如,

$$A = \begin{bmatrix} 2 & -1 \\ -1 & 7 \end{bmatrix}, \quad B = \begin{bmatrix} 0 & 5 & -2 \\ -5 & 0 & 9 \\ 2 & -9 & 0 \end{bmatrix},$$

则 A 是对称矩阵,而 B 是反对称矩阵.

例 5 设矩阵

$$A = \begin{bmatrix} 1 & 3 & -6 \\ 5 & 4 & 2 \\ 2 & -4 & 7 \end{bmatrix},$$

求矩阵 B 和 C,使得 B 是对称矩阵,C 是反对称矩阵,且 $A = B + C$.

解 假设 B 和 C 是满足条件的矩阵,那么 $B^T = B$, $C^T = -C$,则由转置的性质得

$$\begin{cases} A = B + C, \\ A^T = B - C. \end{cases}$$

于是,

$$B = \frac{1}{2}(A + A^T) = \begin{bmatrix} 1 & 4 & -2 \\ 4 & 4 & -1 \\ -2 & -1 & 7 \end{bmatrix}, \quad C = \frac{1}{2}(A - A^T) = \begin{bmatrix} 0 & -1 & -4 \\ 1 & 0 & 3 \\ 4 & -3 & 0 \end{bmatrix}.$$

三、行列式

1. 行列式的基本概念

行列式源自于求解线性方程组,是线性代数的基本工具.

设 $A = (a_{ij})_{2 \times 2}$ 是一个二阶方阵,引进一个记号

$$|A| = \begin{vmatrix} a_{11} & a_{12} \\ a_{21} & a_{22} \end{vmatrix},$$

称为**二阶行列式**,它表示一个数

$$\begin{vmatrix} a_{11} & a_{12} \\ a_{21} & a_{22} \end{vmatrix} = a_{11}a_{22} - a_{12}a_{21}.$$

左上至右下的这一斜线上的两个元素的位置称为矩阵 A(或该行列式)的**主对角线**,右上至左下

的这一斜线上的两个元素的位置称为矩阵 A(或行列式)的**副对角线**.

行列式的计算结果是一个数值,而矩阵则是一个数表,因此两者是不同的两个数学对象.在记号上,矩阵通常用一对方括号(或圆括号)来表示,行列式通常用两竖来表示,两者不能混淆.一个方阵 A 的行列式既可以用 $|A|$ 表示,也可以用 $\det(A)$ 来表示,这里 det 是英语 determinant(行列式)的缩写.

例 6 计算二阶行列式

$$D_1 = \begin{vmatrix} 3 & -5 \\ 2 & 4 \end{vmatrix} \text{和} D_2 = \begin{vmatrix} 3 & -2 \\ 3 & -2 \end{vmatrix}$$

的值.

解 $D_1 = \begin{vmatrix} 3 & -5 \\ 2 & 4 \end{vmatrix} = 3 \times 4 - (-5) \times 2 = 12 + 10 = 22.$

$D_2 = \begin{vmatrix} 3 & -2 \\ 3 & -2 \end{vmatrix} = 3 \times (-2) - (-2) \times 3 = -6 - (-6) = 0.$

同样,一个**三阶行列式**或一个三阶方阵 $A = (a_{ij})_{3 \times 3}$ 的行列式定义为

$$|A| = \begin{vmatrix} a_{11} & a_{12} & a_{13} \\ a_{21} & a_{22} & a_{23} \\ a_{31} & a_{32} & a_{33} \end{vmatrix}$$

$$= a_{11}a_{22}a_{33} + a_{12}a_{23}a_{31} + a_{13}a_{21}a_{32} - a_{13}a_{22}a_{31} - a_{12}a_{21}a_{33} - a_{11}a_{23}a_{32}.$$

例 7 计算行列式

$$D = \begin{vmatrix} a_{11} & a_{12} & a_{13} \\ 0 & a_{22} & a_{23} \\ 0 & 0 & a_{33} \end{vmatrix}$$

的值.

解 由定义,

$$D = a_{11}a_{22}a_{33} + a_{12}a_{23} \cdot 0 + a_{13} \cdot 0 \cdot 0 - a_{13}a_{22} \cdot 0 - a_{12} \cdot 0 \cdot a_{33} - a_{11}a_{23} \cdot 0$$

$$= a_{11}a_{22}a_{33}.$$

称 D 这样的行列式为**上三角形行列式**.

特别地,

$$\begin{vmatrix} a & 0 & 0 \\ 0 & b & 0 \\ 0 & 0 & c \end{vmatrix} = abc.$$

我们称除主对角线外,其他元素都为 0 的行列式为**对角形行列式**.

例8 计算三阶行列式 $D = \begin{vmatrix} 2 & -1 & 0 \\ -1 & 2 & -1 \\ 0 & -1 & 2 \end{vmatrix}$ 的值.

解 根据定义,得

$$D = 2 \times 2 \times 2 + (-1)(-1) \times 0 + 0 \times (-1)(-1)$$
$$- 0 \times 2 \times 0 - (-1)(-1) \times 2 - 2(-1)(-1)$$
$$= 8 - 2 - 2 = 4.$$

2. 行列式的基本性质

虽然我们可以直接应用行列式的定义来计算行列式的值,但是当行列式中每行每列的元素都很复杂,或者在以后的高阶行列式的计算中,由于按定义来计算的工作量非常大,因此我们就需要研究行列式的性质,寻找计算行列式的简单方法.例 7 也许会对我们有所启发.如果我们能将一个行列式化为一个上三角形行列式,那么该行列式的值就是它的主对角线的元素的乘积.

将一个行列式 D 的行变成列所得的行列式,称为原行列式的转置行列式 D^{T}.

例如:设 $D = \begin{vmatrix} 2 & 3 & 1 \\ -1 & 4 & 2 \\ 7 & 8 & -5 \end{vmatrix}$ 是一个三阶行列式,那么它的转置行列式为

$$D^{\mathrm{T}} = \begin{vmatrix} 2 & -1 & 7 \\ 3 & 4 & 8 \\ 1 & 2 & -5 \end{vmatrix}.$$

如果二阶行列式 $D = \begin{vmatrix} 2 & -1 \\ 3 & 11 \end{vmatrix}$,那么它的转置行列式就是 $D^{\mathrm{T}} = \begin{vmatrix} 2 & 3 \\ -1 & 11 \end{vmatrix}$.

▲ **性质1** 行列式的值与它的转置行列式的值相等.即 $D^{\mathrm{T}} = D$.

例如: $D = \begin{vmatrix} 2 & -1 \\ 3 & 11 \end{vmatrix} = 2 \times 11 - (-1) \times 3 = 22 + 3 = 25,$ 而

$$D^{\mathrm{T}} = \begin{vmatrix} 2 & 3 \\ -1 & 11 \end{vmatrix} = 2 \times 11 - 3 \times (-1) = 25,$$

所以, $D = D^{\mathrm{T}}$.

我们可以利用行列式的定义,直接验证性质 1 成立.

性质 1 告诉我们,在行列式中,行与列的地位是平等的,因此行列式关于行成立的性质,对于列也同样成立,反之亦然.因此,在下面的讨论中我们通常只罗列行列式中行所具有的性质,只要将"行"用"列"替代,就得到相应于列的性质.

▲**性质 2** 将某数 k 乘以行列式,等于将数 k 乘以该行列式的某一行(或列)的所有元素.

例如:

$$k\begin{vmatrix} a & b \\ c & d \end{vmatrix} = \begin{vmatrix} ka & kb \\ c & d \end{vmatrix},$$

$$k\begin{vmatrix} a_{11} & a_{12} & a_{13} \\ a_{21} & a_{22} & a_{23} \\ a_{31} & a_{32} & a_{33} \end{vmatrix} = \begin{vmatrix} a_{11} & a_{12} & a_{13} \\ ka_{21} & ka_{22} & ka_{23} \\ a_{31} & a_{32} & a_{33} \end{vmatrix}.$$

▲**推论** 如果行列式中有一行(或一列)中的所有元素都等于 0,那么该行列式的值等于 0.

例 9 计算:

$$D = \begin{vmatrix} 2005 \times 2007 & -2005 \times 2008 \\ 2006 \times 2007 & 2006 \times 2008 \end{vmatrix}.$$

解 根据性质 2,有

$$D = 2007\begin{vmatrix} 2005 & -2005 \times 2008 \\ 2006 & 2006 \times 2008 \end{vmatrix} = 2007 \times 2008\begin{vmatrix} 2005 & -2005 \\ 2006 & 2006 \end{vmatrix}$$

$$= 2005 \times 2006 \times 2007 \times 2008\begin{vmatrix} 1 & -1 \\ 1 & 1 \end{vmatrix}$$

$$= 2 \times 2005 \times 2006 \times 2007 \times 2008 = 32\ 418\ 012\ 267\ 360.$$

▲**性质 3** 行列式关于它的一行或列具有可加性.

例如:

$$\begin{vmatrix} a_{11} & b_1 + c_1 & a_{13} \\ a_{21} & b_2 + c_2 & a_{23} \\ a_{31} & b_3 + c_3 & a_{33} \end{vmatrix} = \begin{vmatrix} a_{11} & b_1 & a_{13} \\ a_{21} & b_2 & a_{23} \\ a_{31} & b_3 & a_{33} \end{vmatrix} + \begin{vmatrix} a_{11} & c_1 & a_{13} \\ a_{21} & c_2 & a_{23} \\ a_{31} & c_3 & a_{33} \end{vmatrix}.$$

利用上面这些性质,可以简化运算.

例 10 计算:

$$\begin{vmatrix} 23 & -15 & 7 \\ 12 & 20 & -4 \\ -4 & 0 & 12 \end{vmatrix} + 4\begin{vmatrix} 23 & -15 & 7 \\ 12 & 20 & -4 \\ 1 & 0 & -3 \end{vmatrix}.$$

解 把 4 乘到最后一行,得

$$
\begin{vmatrix} 23 & -15 & 7 \\ 12 & 20 & -4 \\ -4 & 0 & 12 \end{vmatrix} + \begin{vmatrix} 23 & -15 & 7 \\ 12 & 20 & -4 \\ 4 & 0 & -12 \end{vmatrix} = \begin{vmatrix} 23 & -15 & 7 \\ 12 & 20 & -4 \\ -4+4 & 0+0 & 12+(-12) \end{vmatrix}
$$

$$
= \begin{vmatrix} 23 & -15 & 7 \\ 12 & 20 & -4 \\ 0 & 0 & 0 \end{vmatrix} = 0.
$$

▲**性质 4**　交换行列式的任意两行(或两列),行列式要变号.

如例 8,其中行列式的值是 4,而交换其中第二行与第三行后,有

$$
\begin{vmatrix} 2 & -1 & 0 \\ 0 & -1 & 2 \\ -1 & 2 & -1 \end{vmatrix} = - \begin{vmatrix} 2 & -1 & 0 \\ -1 & 2 & -1 \\ 0 & -1 & 2 \end{vmatrix} = -4.
$$

▲**性质 5**　行列式有两行(或两列)成比例,则行列式等于 0.

例如:

$$
\begin{vmatrix} 3 & -3 & 7 \\ -33 & 33 & -77 \\ 4 & 15 & 10 \end{vmatrix} = 0.
$$

性质 5 可以由性质 2 和性质 4 得出.

▲**性质 6**　把行列式的某行(或某列)乘一个数 k 加到另一行(或另一列)上,行列式的值不变.

这一性质是以后计算一般行列式时用得较多的性质.

例 11　计算 $D = \begin{vmatrix} 2 & -3 & 5 \\ 0 & 6 & -10 \\ 4 & -6 & 7 \end{vmatrix}$.

解　利用性质 6,将行列式化为上三角形式.注意,用第一行乘 (-2) 加到第三行,于是有

$$
\begin{vmatrix} 2 & -3 & 5 \\ 0 & 6 & -10 \\ 4 & -6 & 7 \end{vmatrix} = \begin{vmatrix} 2 & -3 & 5 \\ 0 & 6 & -10 \\ (-2)\times2+4 & (-2)\times(-3)-6 & (-2)\times5+7 \end{vmatrix}
$$

$$
= \begin{vmatrix} 2 & -3 & 5 \\ 0 & 6 & -10 \\ 0 & 0 & -3 \end{vmatrix} = 2\times6\times(-3) = -36.
$$

例 12　计算 $D = \begin{vmatrix} 3 & 1 & 1 & 1 \\ 1 & 3 & 1 & 1 \\ 1 & 1 & 3 & 1 \\ 1 & 1 & 1 & 3 \end{vmatrix}$.

解　$D \xrightarrow{\text{第二、三、四行加至第一行}} \begin{vmatrix} 6 & 6 & 6 & 6 \\ 1 & 3 & 1 & 1 \\ 1 & 1 & 3 & 1 \\ 1 & 1 & 1 & 3 \end{vmatrix} = 6 \begin{vmatrix} 1 & 1 & 1 & 1 \\ 1 & 3 & 1 & 1 \\ 1 & 1 & 3 & 1 \\ 1 & 1 & 1 & 3 \end{vmatrix}$

$\xrightarrow[\text{加至第二、三、四行}]{\text{第一行乘}(-1)\text{分别}} 6 \begin{vmatrix} 1 & 1 & 1 & 1 \\ 0 & 2 & 0 & 0 \\ 0 & 0 & 2 & 0 \\ 0 & 0 & 0 & 2 \end{vmatrix}$

$= 6 \times 2 \times 2 \times 2 = 48.$

§2　线性方程组的求解

线性问题是数学中最普遍、最简单的问题,因此数学上最重要的问题就是解线性方程组了.据估计,在科学或工业应用中遇到的所有数学问题中,超过 75% 的问题会在某一步中要涉及到解一个线性方程组.经过数学家们的努力,解线性方程组的问题从理论上说已经完全解决.本节就是要对这一理论作一个大概的介绍.

一、一个实例

前面我们提到的线性方程组应用都是很高大上的,那么有没有简单而又熟悉的实例,让我们体会到线性方程组即便是在平时的工作和学习中也有用武之地? 下面是一个数列求和与线性方程组的例子.

数列 1^2, 2^2, $\cdots$, n^2 的和是 $\dfrac{1}{6}n(n+1)(2n+1)$,这在第三章出现过.在中学阶段老师可能会要求学生用数学归纳法来证明这个求和公式

$$1^2 + 2^2 + \cdots + n^2 = \sum_{i=1}^{n} i^2 = \frac{1}{6}n(n+1)(2n+1).$$

但有一个问题可能有学生会问:是怎么得到这个公式的? 是猜的吗?

当然不是猜的.下面来推导这个公式.

现在设数列的和为 $S_n = 1^2 + 2^2 + \cdots + n^2$,通项是 $a_i = i^2 (1 \leqslant i \leqslant n)$,于是

$$i^2 = S_i - S_{i-1}.$$

如果能找到一个函数 $f(x)$,使得 $f(i) - f(i-1) = i^2$,并且 $f(0) = 0$,
这样就有

$$S_n = 1^2 + 2^2 + \cdots + n^2 = [f(1) - f(0)] + [f(2) - f(1)] + \cdots + [f(n) - f(n-1)]$$
$$= f(n) - f(0) = f(n).$$

从 $f(n) - f(n-1) = n^2$ 可以断定 $f(n)$ 是一个 n 的 3 次多项式(为什么?)

因为 $f(0) = 0$,故设

$$f(n) = an + bn^2 + cn^3,$$

代入

$$f(n) - f(n-1) = n^2$$

中,经过计算整理后,有

$$(a - b + c) + (2b - 3c)n + 3cn^2 = n^2.$$

比较同次幂系数,得到下面关于变量 a, b, c 的线性方程组

$$\begin{cases} a - b + c = 0, \\ 2b - 3c = 0, \\ 3c = 1, \end{cases}$$

这个方程组应该不难解,从第三个方程解得 $c = \dfrac{1}{3}$,代入得到第二个方程,又可以得到 $b = \dfrac{1}{2}$;再
用 $b = \dfrac{1}{2}$,$c = \dfrac{1}{3}$ 代入第一个方程,得 $a = \dfrac{1}{6}$.
于是

$$f(n) = \frac{1}{6}n + \frac{1}{2}n^2 + \frac{1}{3}n^3 = \frac{1}{6}n(n+1)(2n+1).$$

这样我们用线性方程组求出了数列 $1^2, 2^2, \cdots, n^2$ 的和,得来不费太大的功夫! 从中我们也见
识了线性方程组的广泛用处.

根据我们以往的学习经验,在求解线性方程组时会问三个问题:

(1) 方程组是否有解?

(2) 在有解时,共有多少解? 解之间有何联系?

(3) 在有解时,如何求解?

前面两个是理论问题,最后一个是操作问题.先来解决操作问题.

微课 6

二、克莱姆法则

所谓的克莱姆法则,就是用行列式解线性方程组的方法.克莱姆,瑞士数学家(G. Cramer, 1704—1752).

一个 n 元线性方程是一个如下形式的方程

$$a_1 x_1 + a_2 x_2 + \cdots + a_n x_n = b,$$

其中 $a_1, a_2, \cdots, a_n, b$ 是实数,而 $x_1, x_2, \cdots, x_n$ 是未知量.m 个方程的 n 元线性方程组的一般形式是

$$\begin{cases} a_{11}x_1 + a_{12}x_2 + \cdots + a_{1n}x_n = b_1, \\ a_{21}x_1 + a_{22}x_2 + \cdots + a_{2n}x_n = b_2, \\ \cdots\cdots \\ a_{m1}x_1 + a_{m2}x_2 + \cdots + a_{mn}x_n = b_m. \end{cases} \tag{6.3}$$

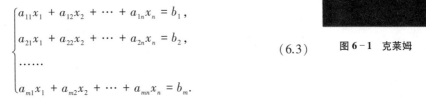

图 6-1　克莱姆

这里,a_{ij} 称为该方程组的系数,b_i 称为方程组的常数项.如果所有的常数项 b_i 都等于 0,即

$$\begin{cases} a_{11}x_1 + a_{12}x_2 + \cdots + a_{1n}x_n = 0, \\ a_{21}x_1 + a_{22}x_2 + \cdots + a_{2n}x_n = 0, \\ \cdots\cdots \\ a_{m1}x_1 + a_{m2}x_2 + \cdots + a_{mn}x_n = 0, \end{cases} \tag{6.4}$$

那么称方程组(6.4)为齐次线性方程组.并且把 b_i 不全为零的方程组(6.3)称为非齐次线性方程组.

明显地,齐次线性方程组(6.4)总有零解.即 $(x_1, x_2, \cdots, x_n) = (0, 0, \cdots, 0)$ 是它的解.

线性方程组(6.3)或(6.4)的系数组成的矩阵

$$A = \begin{bmatrix} a_{11} & a_{12} & \cdots & a_{1n} \\ a_{21} & a_{22} & \cdots & a_{2n} \\ \vdots & \vdots & & \vdots \\ a_{m1} & a_{m2} & \cdots & a_{mn} \end{bmatrix}$$

称为该方程组的**系数矩阵**.

下面先从熟悉的二元线性方程组(二元一次方程组)(6.1)(见§1)开始,用消元法求解,得出克莱姆法则.为了方便讨论,现将(6.1)重新列出.

$$\begin{cases} a_{11}x_1 + a_{12}x_2 = b_1, \\ a_{21}x_1 + a_{22}x_2 = b_2, \end{cases}$$

由§1,当方程组(6.1)的系数矩阵的行列式 $D = a_{11}a_{22} - a_{12}a_{21} \neq 0$ 时,有

$$x_1 = \frac{b_1 a_{22} - b_2 a_{12}}{D},$$

$$x_2 = \frac{b_2 a_{11} - b_1 a_{21}}{D}.$$

如果令

$$D_1 = \begin{vmatrix} b_1 & a_{12} \\ b_2 & a_{22} \end{vmatrix}, \; D_2 = \begin{vmatrix} a_{11} & b_1 \\ a_{21} & b_2 \end{vmatrix},$$

那么方程组(6.1)有唯一解:

$$x_1 = \frac{D_1}{D}, \; x_2 = \frac{D_2}{D}.$$

上述讨论可以推广到更一般的情形,就是

▲ **定理 1**(克莱姆法则)

假设 n 个方程的 n 元线性方程组

$$\begin{cases} a_{11}x_1 + a_{12}x_2 + \cdots + a_{1n}x_n = b_1, \\ a_{21}x_1 + a_{22}x_2 + \cdots + a_{2n}x_n = b_2, \\ \cdots\cdots \\ a_{n1}x_1 + a_{n2}x_2 + \cdots + a_{nn}x_n = b_n, \end{cases} \tag{6.5}$$

的系数矩阵 A 的行列式 $D = |A| \neq 0$,那么方程组(6.5)有唯一解

$$x_1 = \frac{D_1}{D}, \; x_2 = \frac{D_2}{D}, \; \cdots, \; x_n = \frac{D_n}{D},$$

其中

$$D_k = \begin{vmatrix} a_{11} & \cdots & a_{1,k-1} & b_1 & a_{1,k+1} & \cdots & a_{1n} \\ a_{21} & \cdots & a_{2,k-1} & b_2 & a_{2,k+1} & \cdots & a_{2n} \\ \vdots & & \vdots & \vdots & \vdots & & \vdots \\ a_{n1} & \cdots & a_{n,k-1} & b_n & a_{n,k+1} & \cdots & a_{nn} \end{vmatrix}, \; k = 1, 2, \cdots, n.$$

▲ **推论** 如果齐次线性方程组

$$\begin{cases} a_{11}x_1 + a_{12}x_2 + \cdots + a_{1n}x_n = 0, \\ a_{21}x_1 + a_{22}x_2 + \cdots + a_{2n}x_n = 0, \\ \cdots\cdots \\ a_{n1}x_1 + a_{n2}x_2 + \cdots + a_{nn}x_n = 0, \end{cases}$$

的系数矩阵 $A = (a_{ij})$ 的行列式不等于 0,那么它只有零解.

例1 用克莱姆法则解下列线性方程组

$$\begin{cases} x_1 + x_2 + 2x_3 = 5, \\ x_1 + 3x_2 + 2x_3 = 9, \\ 2x_1 + x_2 + 2x_3 = 6. \end{cases}$$

解 因为系数行列式

$$D = \begin{vmatrix} 1 & 1 & 2 \\ 1 & 3 & 2 \\ 2 & 1 & 2 \end{vmatrix} = -4 \neq 0,$$

所以方程组有唯一解.又

$$D_1 = \begin{vmatrix} 5 & 1 & 2 \\ 9 & 3 & 2 \\ 6 & 1 & 2 \end{vmatrix} = -4, \quad D_2 = \begin{vmatrix} 1 & 5 & 2 \\ 1 & 9 & 2 \\ 2 & 6 & 2 \end{vmatrix} = -8, \quad D_3 = \begin{vmatrix} 1 & 1 & 5 \\ 1 & 3 & 9 \\ 2 & 1 & 6 \end{vmatrix} = -4.$$

所以,

$$x_1 = \frac{D_1}{D} = 1, \quad x_2 = \frac{D_2}{D} = 2, \quad x_3 = \frac{D_3}{D} = 1.$$

克莱姆法则在理论上是很完善,但是它有两个非常明显的弱点,第一个弱点,计算行列式不那么容易,特别是高阶行列式(高阶行列式的定义将在下节介绍),计算量很大;第二个弱点,就是对于方程个数与未知数个数不相等的方程组,克莱姆法则就不能直接用了.即便两者个数相同,但系数行列式为零时,克莱姆法则同样是不能用的.所以必须寻找更有效的方法.

三、高斯消元法

解线性方程组最有效的方法是高斯(C. F. Gauss,1777—1855,德国数学家、物理学家,被誉为历史上最伟大的数学家之一,和阿基米德、牛顿、欧拉齐名)消元法,简称消元法.消元法的基本思想是通过将原方程组转化为与其等价的线性方程组,自上而下依次减少方程组中方程所含未知数的个数,使之变成三角形(阶梯型),从而求出解.这个方法在中学数学解二元一次方程组时已经用过,只不过那时是就事论事去做消元法,而现在我们要将其程序化.我们先来看一个例子.

图6-2 高斯

例2 解下列线性方程组

$$\begin{cases} x_1 + 2x_2 + x_3 = 3, \\ 2x_1 + 3x_2 + x_3 = 4, \\ 3x_1 - x_2 - 3x_3 = -1. \end{cases}$$

解 从第二个方程中减去 2 倍的第一个方程,得

$$- x_2 - x_3 = -2.$$

从第三个方程中减去 3 倍的第一个方程,得

$$- 7x_2 - 6x_3 = -10.$$

于是,原方程组化为

$$\begin{cases} x_1 + 2x_2 + x_3 = 3, \\ - x_2 - x_3 = -2, \\ - 7x_2 - 6x_3 = -10. \end{cases}$$

注意到新方程组中的后两个方程已经得到了简化,它们均无未知量 x_1.将新方程组中第二个方程的 -7 倍加入第三个方程,我们就得到下列方程组(称为三角形方程组)

$$\begin{cases} x_1 + 2x_2 + x_3 = 3, \\ - x_2 - x_3 = -2, \\ x_3 = 4. \end{cases}$$

再用回代法,解得

$$x_3 = 4,\ x_2 = -2,\ x_1 = 3.$$

上述解方程组的方法就是所谓的高斯消元法.我们来分析一下高斯消元法,它就是通过方程组的一系列特殊变换,将方程组化为三角形方程组.需要问的问题是:我们用了哪些变换? 变换是否是同解变换?

通过本节的例 2,可以发现,我们用了以下三种变换:

(1) 交换两个方程的位置;

(2) 将某个方程乘以一个非零数;

(3) 将方程组中某个方程的 k 倍加到另一方程上.

在例 2 中,变换(3)经常被使用,变换(2)似乎没有用过,但是如果考虑在解出 x_3 之后,若要解出 x_2,就会要用到变换(2).至于变换(1)也常常会用到.

我们称线性方程组的上述三种变换为线性方程组的**初等变换**.

容易看到,初等变换是同解变换,因为所有的变换都可以逆变换回去.

例 3 用线性方程组的初等变换解方程组

$$\begin{cases} x_1 + 3x_2 - 5x_3 = -1, \\ 2x_1 + 6x_2 - 3x_3 = 5, \\ 3x_1 + 9x_2 - 10x_3 = 2. \end{cases}$$

解　将第一个方程乘以(-2)加到第二个方程,得

$$7x_3 = 7, \quad x_3 = 1.$$

再将第一个方程乘以(-3)加到第三个方程,得

$$5x_3 = 5, \quad x_3 = 1.$$

于是得到与原方程组同解的方程组

$$\begin{cases} x_1 + 3x_2 - 5x_3 = -1, \\ \qquad\qquad\quad x_3 = 1. \end{cases}$$

方程组只有两个方程(说明原方程组中只有两个独立的方程),却有三个未知数,用 $x_3 = 1$ 回代后可以看到这个方程组有无穷多组解:

$$\begin{cases} x_1 = 4 - 3x_2, \\ x_3 = 1, \end{cases}$$

其中 x_2 是自由变量,可以取任何值.

　　实际上,对于一般线性方程组来说,其解有三种情况:唯一一组解,无穷多组解,无解.上面我们已经看到前两种情况,无解的情况会在本章的最后给出.至于产生这些结果的原因,需要用到矩阵的结果,也会在本章最后给出.

　　另外从上面的例子还发现,其实所有的初等变换只是针对系数的,并不涉及未知数,所以我们只要对方程组所对应的矩阵进行这些变换就可以了.这也是在本章开始时谈到的为什么要引入矩阵解线性方程组的原因:简化表达式,提高计算的效率和正确率.

§3　矩阵与线性方程组的解

　　在§1中已学习了矩阵的基本概念.下面继续考察矩阵的乘法运算.

一、矩阵的乘法和矩阵的逆

1. 矩阵的乘法

　　矩阵的加减法以及数乘的定义都很自然,也容易理解.但是下面要定义的乘法运算相对来说就要复杂多了,但也是从实践中抽象出来的.为了使读者对矩阵的乘法的定义更容易接受,我们用

一个具体的问题来引入.

超市大卖场通常有许多顾客,要记录和管理大量数据,就需要利用向量和矩阵等数学工具.

例如,有小汪,小林,小衰三个顾客,他们购货数量如下:

表 6.1

	鸡蛋(单位:kg)	大米(单位:kg)	面粉(单位:袋)	大黄鱼(单位:kg)
小汪	2	0	1	0.4
小林	1	10	0	0.5
小衰	1.5	25	1	0

则我们按表中原有的数据构成一个矩阵:

$$A = \begin{bmatrix} 2 & 0 & 1 & 0.4 \\ 1 & 10 & 0 & 0.5 \\ 1.5 & 25 & 1 & 0 \end{bmatrix},$$

称矩阵 A 为购货矩阵.从超市方面来说,需要统计营业额和利润,上述四种商品的单位价格和单位利润,列表如下:

表 6.2

	鸡蛋(单位:kg)	大米(单位:kg)	面粉(单位:袋)	大黄鱼(单位:kg)
单价(元)	6.20	3.40	9.90	28.00
利润(元)	0.70	0.50	0.90	4.00

则每笔生意的营业收入和利润都可以按照下面方式计算,以小汪为例这笔生意的营业额为

$$2 \times 6.20 + 0 \times 3.40 + 1 \times 9.90 + 0.4 \times 28.00$$
$$= 12.40 + 9.90 + 11.20 = 33.50(元);$$

利润为

$$2 \times 0.70 + 0 \times 0.50 + 1 \times 0.90 + 0.4 \times 4.00$$
$$= 1.40 + 0.90 + 1.60 = 3.90(元).$$

为了后面讨论的需要,将表6.2"转置"后,用矩阵 B 来表示:

$$B = \begin{bmatrix} 6.2 & 0.7 \\ 3.4 & 0.5 \\ 9.9 & 0.9 \\ 28 & 4 \end{bmatrix}.$$

那么,刚才营业额和利润的计算方式就可用下面的矩阵乘法给出:

$$\begin{bmatrix} 2 & 0 & 1 & 0.4 \\ 1 & 10 & 0 & 0.5 \\ 1.5 & 25 & 1 & 0 \end{bmatrix} \begin{bmatrix} 6.2 & 0.7 \\ 3.4 & 0.5 \\ 9.9 & 0.9 \\ 28 & 4 \end{bmatrix} = \begin{bmatrix} 33.5 & 3.9 \\ 54.2 & 7.7 \\ 104.2 & 14.45 \end{bmatrix},$$

记右边的矩阵为 $C = (c_{ij})_{3 \times 2}$，则矩阵 C 的第一列和第二列分别为三笔生意的营业额和利润，其中元素 c_{ij} 是矩阵 A 的第 i 行与矩阵 B 的第 j 列对应元素相乘后再相加的结果.比如，c_{11}，c_{12} 就是小汪这笔生意的营业额和利润.用了矩阵表示这些关系显得简洁明了.

下面就可以给出矩阵乘积的一般定义了.

设 $A = (a_{ij})$ 是 $m \times p$ 矩阵，$B = (b_{ij})$ 是 $p \times n$ 矩阵，则定义 $m \times n$ 矩阵 $C = (c_{ij})$ 是矩阵 A 与 B 的**乘积**，其中

$$c_{ij} = a_{i1}b_{1j} + a_{i2}b_{2j} + \cdots + a_{ip}b_{pj} = \sum_{k=1}^{p} a_{ik}b_{kj}.$$

记作 $C = AB$.

例 1　设

$$A = [1, 2, 3], B = \begin{bmatrix} -1 \\ 2 \\ 4 \end{bmatrix},$$

则

$$AB = [1, 2, 3] \begin{bmatrix} -1 \\ 2 \\ 4 \end{bmatrix} = [1 \times (-1) + 2 \times 2 + 3 \times 4] = [15]_{1 \times 1},$$

而

$$BA = \begin{bmatrix} -1 \\ 2 \\ 4 \end{bmatrix} [1, 2, 3] = \begin{bmatrix} -1 & -2 & -3 \\ 2 & 4 & 6 \\ 4 & 8 & 12 \end{bmatrix}.$$

引入矩阵乘法，是为了简化运算和表达问题的形式.例如对于下列线性方程组

$$\begin{cases} 2x + 3y - 4z = 2, \\ 7x - 6y + 5z = 4, \end{cases} \tag{6.6}$$

如果令

$$A = \begin{bmatrix} 2 & 3 & -4 \\ 7 & -6 & 5 \end{bmatrix}, X = \begin{bmatrix} x \\ y \\ z \end{bmatrix}, B = \begin{bmatrix} 2 \\ 4 \end{bmatrix},$$

那么方程组(6.6)就可以简写为**矩阵方程**：$AX = B$，或

$$\begin{bmatrix} 2 & 3 & -4 \\ 7 & -6 & 5 \end{bmatrix} \begin{bmatrix} x \\ y \\ z \end{bmatrix} = \begin{bmatrix} 2 \\ 4 \end{bmatrix}.$$

要注意的是矩阵的乘积一般不满足交换律.例如在上例中，AB 是一个一阶方阵，而 BA 则是一个三阶方阵，因此 $AB \neq BA$.

注意，只有 A 的列数与 B 的行数相等时才可以相乘.因此矩阵乘积不满足交换律还在于，有时 AB 有定义，但 BA 可以没有定义.比如 A 是 2×4 矩阵，而 B 是 4×3，则 AB 有意义，而 BA 就没有意义.

下面的例子说明，即便 AB，BA 都有意义，且它们行数与列数也相同，可是它们还是可以不相等.

例2 设

$$A = \begin{bmatrix} 1 & 2 \\ 2 & 4 \end{bmatrix}, \quad B = \begin{bmatrix} 2 & 2 \\ -1 & -1 \end{bmatrix}.$$

则

$$AB = \begin{bmatrix} 1 & 2 \\ 2 & 4 \end{bmatrix} \begin{bmatrix} 2 & 2 \\ -1 & -1 \end{bmatrix} = \begin{bmatrix} 0 & 0 \\ 0 & 0 \end{bmatrix},$$

$$BA = \begin{bmatrix} 2 & 2 \\ -1 & -1 \end{bmatrix} \begin{bmatrix} 1 & 2 \\ 2 & 4 \end{bmatrix} = \begin{bmatrix} 6 & 12 \\ -3 & -6 \end{bmatrix}.$$

显然，$AB \neq BA$.

虽然矩阵的乘法不满足交换律，但是矩阵的乘法运算还是与数的运算有许多相似之处.下面列出矩阵乘法的一些主要性质.

记 $E_n = \begin{bmatrix} 1 & 0 & \cdots & 0 \\ 0 & 1 & \cdots & 0 \\ \cdots & \cdots & \cdots & \cdots \\ 0 & 0 & \cdots & 1 \end{bmatrix}$ 称 E_n 为 n 阶单位矩阵.

(1) 结合律：$(AB)C = A(BC)$.

(2) 分配律：$A(B + C) = AB + AC$，$(A + B)C = AC + BC$.

(3) $k(AB) = (kA)B = A(kB)$.

(4) 如果 A 是 $m \times n$ 矩阵，那么 $E_m A = A$，$AE_n = A$.

(5) $(AB)^T = B^T A^T$.

此外，特别要强调的一点是矩阵的乘法不再满足消去律.已知数的乘法的消去律：如果 a，b

是数,且 $ab=0$ 那么 $a=0$ 或 $b=0$.但是从例 2 发现对于矩阵来说,当 $A \neq 0$, $B \neq 0$ 时,仍有可能 $AB=0$,也就是说,由 $AB=0$ 不能推出 $A=0$ 或 $B=0$,从而消去律不成立.

2. 行列式的乘法和矩阵的逆

在 §1 中已经定义了方阵的行列式:设 A 是 n 阶方阵,则 $|A|$ 是一个 n 阶行列式.利用矩阵的乘法定义以及行列式的性质,有

▲定理 1(行列式的乘法法则)

设 A, B 都是 n 阶方阵,那么

$$|AB| = |A| \cdot |B|.$$

例如:设 2 阶方阵

$$A = \begin{bmatrix} 2 & 3 \\ 3 & 2 \end{bmatrix}, B = \begin{bmatrix} 1 & -1 \\ 1 & 1 \end{bmatrix},$$

那么 $|A|=-5$, $|B|=2$,所以, $|A| \cdot |B|=-10$.而

$$AB = \begin{bmatrix} 5 & 1 \\ 5 & -1 \end{bmatrix},$$

所以, $|AB|=-10$,因此, $|A| \cdot |B|=|AB|$.

下面来考虑方阵的逆矩阵.回忆数的情形,如果 a 是任何非零数, $b=a^{-1}$,那么

$$ab = ba = 1, \tag{6.7}$$

并且 a 的倒数 b 是满足(6.7)式的唯一数.

由矩阵乘法的性质(4),如果 A 是任一方阵, E 是与 A 同阶的单位矩阵,那么 $EA=AE=A$,所以 E 充当了数中 1 的角色.因此以下关于逆矩阵的定义就变得很自然了.

▲定义 1　如果 A 是 n 阶方阵,若存在 n 阶方阵 B,使得

$$AB = BA = E,$$

则称矩阵 A **可逆**,而 B 称为矩阵 A 的**逆矩阵**,记为 A^{-1}.即

$$AA^{-1} = A^{-1}A = E.$$

如果一个矩阵可逆,那么它的逆矩阵是唯一的.证明如下:

设 B 和 B' 都是 A 的逆矩阵,则有 $B = BE = BAB' = EB' = B'$.

从逆矩阵的定义看出,只有方阵才可能有逆矩阵,但并非每个非零方阵都可逆.例如设

$$A = \begin{bmatrix} 1 & 2 \\ 2 & 4 \end{bmatrix},$$

由例 2,存在矩阵

$$B = \begin{bmatrix} 2 & 2 \\ -1 & -1 \end{bmatrix},$$

使得 $AB = O$. 下面可用反证法证明 A 不可逆. 假设 A 存在逆矩阵 C, 那么 $CA = E$, 因此

$$B = EB = (CA)B = C(AB) = CO = O.$$

但是 B 不是零矩阵, 矛盾! 所以假设 A 可逆是不成立的.

注意到虽然 $A \neq O$, 但是 $|A| = 0$. 这一现象并不是偶然的. 如果方阵 A 可逆, 那么存在方阵 B, 使得 $AB = E$, 于是由定理 1, 得 $|A| \cdot |B| = |AB| = |E| = 1$, 即 $|A| \neq 0$. 也就是说, $|A| \neq 0$ 是矩阵 A 可逆的必要条件, 下面要说明这一条件也是矩阵可逆的充分条件.

为了求矩阵的逆矩阵, 需要引入代数余子式的概念. 为了方便起见, 规定一阶方阵 $A = (a)_1$ 的行列式等于这个数本身, 即 $|A| = a$.

设 D 是一个行列式, a_{ij} 是 D 中第 i 行、第 j 列的元素, 那么在 D 中去掉第 i 行与第 j 列的元素后得到的一个较 D 低一阶的行列式称为 D 的 (i,j) 元素的**余子式**, 记为 M_{ij}. 余子式 M_{ij} 乘以 $(-1)^{i+j}$ 称为 D 的 (i,j) 元素的**代数余子式**, 记为 A_{ij}. 即

$$A_{ij} = (-1)^{i+j} M_{ij}.$$

例 3　求三阶行列式

$$D = \begin{vmatrix} 2 & 3 & -1 \\ 0 & 1 & 9 \\ 4 & -2 & 7 \end{vmatrix}$$

的第一行元素的余子式和代数余子式.

解　由定义, 三阶行列式 D 的第一行元素的余子式为:

$$M_{11} = \begin{vmatrix} 1 & 9 \\ -2 & 7 \end{vmatrix} = 25, \quad M_{12} = \begin{vmatrix} 0 & 9 \\ 4 & 7 \end{vmatrix} = -36, \quad M_{13} = \begin{vmatrix} 0 & 1 \\ 4 & -2 \end{vmatrix} = -4.$$

三阶行列式 D 的第一行元素的代数余子式为:

$$A_{11} = (-1)^{1+1} M_{11} = M_{11} = 25, \quad A_{12} = (-1)^{1+2} M_{12} = -M_{12} = -(-36) = 36,$$

$$A_{13} = (-1)^{1+3} M_{13} = M_{13} = -4.$$

下面重新考察三阶行列式的定义, 试图发现一些新的规律. 设

$$D = \begin{vmatrix} a_{11} & a_{12} & a_{13} \\ a_{21} & a_{22} & a_{23} \\ a_{31} & a_{32} & a_{33} \end{vmatrix}$$

是任意三阶行列式, 则有

$$D = a_{11}a_{22}a_{33} + a_{12}a_{23}a_{31} + a_{13}a_{21}a_{32} - a_{13}a_{22}a_{31} - a_{12}a_{21}a_{33} - a_{11}a_{23}a_{32}$$

$$= a_{11}(a_{22}a_{33} - a_{23}a_{32}) + a_{12}(a_{23}a_{31} - a_{21}a_{33}) + a_{13}(a_{21}a_{32} - a_{22}a_{31})$$

$$= a_{11}\begin{vmatrix} a_{22} & a_{23} \\ a_{32} & a_{33} \end{vmatrix} - a_{12}\begin{vmatrix} a_{21} & a_{23} \\ a_{31} & a_{33} \end{vmatrix} + a_{13}\begin{vmatrix} a_{21} & a_{22} \\ a_{31} & a_{32} \end{vmatrix}$$

$$= a_{11}A_{11} + a_{12}A_{12} + a_{13}A_{13}. \tag{6.8}$$

行列式 D 与其代数余子密切相关,(6.8)式不是偶然的.

▲ **定理 2(行列式按行展开和按列展开定理)**

设 $A = (a_{ij})$ 是一个 n 阶方阵,那么 n 阶行列式 $|A|$ 等于 $|A|$ 第 i 行各元素与该元素的代数余子式的乘积之和,即

$$|A| = a_{i1}A_{i1} + a_{i2}A_{i2} + \cdots + a_{in}A_{in}.$$

由行列的对等性,n 阶行列式 $|A|$ 也等于 $|A|$ 第 j 列各元素与该元素的代数余子式的乘积之和,即

$$|A| = a_{1j}A_{1j} + a_{2j}A_{2j} + \cdots + a_{nj}A_{nj}.$$

对于三阶行列式,当 $i = 1$ 时,就是(6.8)式.这时称行列式按第一行展开.对第二行、第三行也可以类似证明.

对于二阶行列式,根据定义我们有

$$\begin{vmatrix} a_{11} & a_{12} \\ a_{21} & a_{22} \end{vmatrix} = a_{11}a_{22} - a_{12}a_{21} = -a_{12}M_{12} + a_{22}M_{22}$$

$$= a_{12}A_{12} + a_{22}A_{22}.$$

这就是二阶行列式按第二列展开的情形.

例 4 计算行列式

$$D = \begin{vmatrix} 2 & 3 & 0 \\ -11 & 70 & 2 \\ 3 & 5 & 0 \end{vmatrix}.$$

解 利用行列式的展开定理来计算 D.由于 D 的第三列只有一个非零元,因此可以将 D 按第三列来展开,

$$D = 2 \cdot A_{23} = -2 \cdot M_{23}$$

$$= -2\begin{vmatrix} 2 & 3 \\ 3 & 5 \end{vmatrix} = -2(10 - 9) = -2.$$

有了上面的准备,现在可以给出 n 阶行列式的定义了.

注意,我们已经定义了三阶行列式.

▲**定义 2**　假设 n 是个大于 3 的整数,如果已经定义了 $n-1$ 阶的行列式,那么规定 n 阶方阵 $A = (a_{ij})$ 的行列式 $|A|$ 为

$$|A| = a_{11}A_{11} + a_{12}A_{12} + \cdots + a_{1n}A_{1n},$$

其中,A_{11},A_{12},$\cdots$,A_{1n} 是 $|A|$ 的第一行元素的代数余子式,即

$$\begin{vmatrix} a_{11} & a_{12} & \cdots & a_{1n} \\ a_{21} & a_{22} & \cdots & a_{2n} \\ \vdots & \vdots & & \vdots \\ a_{n1} & a_{n2} & \cdots & a_{nn} \end{vmatrix} =$$

$$a_{11}\begin{vmatrix} a_{22} & \cdots & a_{2n} \\ \vdots & & \vdots \\ a_{n2} & \cdots & a_{nn} \end{vmatrix} - a_{12}\begin{vmatrix} a_{21} & a_{23} & \cdots & a_{2n} \\ \vdots & \vdots & & \vdots \\ a_{n1} & a_{n3} & \cdots & a_{nn} \end{vmatrix} + \cdots + (-1)^{1+n}a_{1n}\begin{vmatrix} a_{21} & \cdots & a_{2,n-1} \\ \vdots & & \vdots \\ a_{n1} & \cdots & a_{n,n-1} \end{vmatrix}.$$

例 5　计算四阶行列式

$$D = \begin{vmatrix} 0 & 1 & 2 & 0 \\ 2 & 0 & -1 & 0 \\ -1 & 2 & 2 & -1 \\ 0 & -4 & -1 & 2 \end{vmatrix}.$$

解　按第一行展开行列式,$D = 0 \cdot M_{11} - 1 \cdot M_{12} + 2 \cdot M_{13} - 0 \cdot M_{14}$

$$= -M_{12} + 2M_{13}$$

$$= -\begin{vmatrix} 2 & -1 & 0 \\ -1 & 2 & -1 \\ 0 & -1 & 2 \end{vmatrix} + 2\begin{vmatrix} 2 & 0 & 0 \\ -1 & 2 & -1 \\ 0 & -4 & 2 \end{vmatrix}$$

$$= -1 \times 4 + 2 \times 0 = -4.$$

有了上面这些准备,可以讨论逆矩阵了.

设 $A = (a_{ij})$ 是 n 阶方阵,A_{ij} 是 A 的 (i, j) 元素的代数余子式,则称

$$A^* = \begin{bmatrix} A_{11} & A_{21} & \cdots & A_{n1} \\ A_{12} & A_{22} & \cdots & A_{n2} \\ \vdots & \vdots & & \vdots \\ A_{1n} & A_{2n} & \cdots & A_{nn} \end{bmatrix}$$

为 A 的**伴随矩阵**.利用行列式的按行(列)展开定理,有以下等式

$$AA^* = A^*A = |A| E.$$

从而有

▲**定理 3**　设 A 是 $n(n>1)$ 阶方阵，A^* 是 A 的伴随矩阵，那么 A 可逆的充分必要条件是 $|A| \neq 0$. 并且当 A 可逆时，其逆矩阵为

$$A^{-1} = \frac{1}{|A|}A^*. \tag{6.9}$$

对于一阶方阵 $A = (a)$，如果存在矩阵 $B = (b)$，使得 $AB = BA = E = (1)$，那么 $a \neq 0$. 且当 $a \neq 0$ 时，$b = a^{-1}$，即 $A^{-1} = (a^{-1})$. 这与常识吻合.

例 6　设 $A = \begin{bmatrix} a & b \\ c & d \end{bmatrix}$ 可逆，求 A^{-1}.

解　根据已知条件，$|A| = ad - bc \neq 0$. 而其代数余子式为

$$A_{11} = (-1)^{1+1}M_{11} = d, \quad A_{12} = (-1)^{1+2}M_{12} = -c,$$
$$A_{21} = (-1)^{2+1}M_{21} = -b, \quad A_{22} = (-1)^{2+2}M_{22} = a.$$

所以，

$$A^* = \begin{bmatrix} d & -b \\ -c & a \end{bmatrix}.$$

根据公式 (6.9)，有

$$A^{-1} = \frac{1}{|A|}A^* = \frac{1}{ad-bc}\begin{bmatrix} d & -b \\ -c & a \end{bmatrix} = \begin{bmatrix} \dfrac{d}{ad-bc} & \dfrac{-b}{ad-bc} \\ \dfrac{-c}{ad-bc} & \dfrac{a}{ad-bc} \end{bmatrix}.$$

如果 $A = \mathrm{diag}(a_1, a_2, \cdots, a_n)$ 是 n 阶对角阵，那么 A 可逆的充分必要条件是 A 的对角元素 a_i 均不等于 0. 此时，根据公式 (6.9)，得

$$A^{-1} = \mathrm{diag}(a_1^{-1}, a_2^{-1}, \cdots, a_n^{-1}) = \begin{bmatrix} a_1^{-1} & & & \\ & a_2^{-1} & & \\ & & \ddots & \\ & & & a_n^{-1} \end{bmatrix}.$$

可以看到，对于阶数较大的可逆矩阵，利用公式 (6.9) 来求它的逆矩阵，其计算量非常大，所以数学家还设计了其他的方法来求逆矩阵，其中最主要的是初等变换法. 这一方法的介绍已经超出了本课程的要求，所以我们在此不作介绍. 有兴趣的读者可以查阅《线性代数》教材.

我们以逆矩阵的几条简单性质来结束本小节.

(1) 设矩阵 A 可逆,k 是非零数,则 kA 也可逆,且 $(kA)^{-1} = k^{-1}A^{-1}$.

(2) 设 A,B 是同阶的可逆阵,那么 AB 也可逆,且 $(AB)^{-1} = B^{-1}A^{-1}$.

(3) 如果矩阵 A 可逆,那么 $|A^{-1}| = |A|^{-1}$.因此 A^{-1} 也可逆,且 $(A^{-1})^{-1} = A$.

二、利用矩阵的初等变换解线性方程组

在本章 §2 的内容中已经学过,在用消元法解线性方程组时真正在运算的是未知量的系数和方程的常数项,未知量只是在被不断地重复抄写.因此为了简化计算,实际上只要计算相应的矩阵即可.

从相关知识得到,线性方程组(6.3)的系数矩阵就是将方程组未知量前面的系数按原有的顺序排成的矩阵

$$A = \begin{bmatrix} a_{11} & a_{12} & \cdots & a_{1n} \\ a_{21} & a_{22} & \cdots & a_{2n} \\ \vdots & \vdots & & \vdots \\ a_{m1} & a_{m2} & \cdots & a_{mn} \end{bmatrix},$$

但是对于非齐次线性方程组(6.3),光有系数矩阵还不能完全确定方程组,还需要将常数项也一并考虑在内,因此,要在 A 的右边再添一列常数项的列,构成矩阵

$$\tilde{A} = \begin{bmatrix} a_{11} & a_{12} & \cdots & a_{1n} & b_1 \\ a_{21} & a_{22} & \cdots & a_{2n} & b_2 \\ \vdots & \vdots & & \vdots & \vdots \\ a_{m1} & a_{m2} & \cdots & a_{mn} & b_m \end{bmatrix},$$

称 $\tilde{A}$ 为方程组(6.3)的**增广矩阵**.容易看出,线性方程组(6.3)被它的增广矩阵唯一确定.

例如,对于非齐次线性方程组

$$\begin{cases} x_1 + 2x_2 + x_3 = 3, \\ -x_2 - x_3 = -2, \\ -7x_2 - 6x_3 = -10, \end{cases}$$

它的系数矩阵与增广矩阵分别为

$$A = \begin{bmatrix} 1 & 2 & 1 \\ 0 & -1 & -1 \\ 0 & -7 & -6 \end{bmatrix}, \quad \tilde{A} = \begin{bmatrix} 1 & 2 & 1 & 3 \\ 0 & -1 & -1 & -2 \\ 0 & -7 & -6 & -10 \end{bmatrix}.$$

回顾线性方程组的初等变换,相对于方程组的增广矩阵所带来的变化,等于对增广矩阵实施了如下三种变换:

（1）交换矩阵的两行；

（2）矩阵的某行乘以一非零数；

（3）将矩阵的某行乘数 k 加到另一行.

称对矩阵实施的这三种变换为矩阵的**初等行变换**.类似地,也可以定义矩阵的**初等列变换**.

实施初等行变换的目的是要将增广矩阵变为行阶梯（或称三角形）矩阵.

一个 $m \times n$ 矩阵 T 称为**行阶梯矩阵**,需满足下列条件：

（1）T 的零行（即元素都是 0 的行）在非零行的下方,

（2）当 $T \neq 0$ 时, 设 T 共有 r 个非零行,其第 i 行的第一个非零元在第 j_i 列,那么有

$$1 \leqslant j_1 < j_2 < \cdots < j_r \leqslant n.$$

例如：

$$\begin{bmatrix} 0 & 1 & -1 & 0 & 3 & 4 \\ 0 & 0 & 2 & 3 & 7 & 9 \\ 0 & 0 & 0 & 0 & 4 & 3 \\ 0 & 0 & 0 & 0 & 0 & 0 \end{bmatrix},$$

是一个行阶梯矩阵,其中 $j_1 = 2, j_2 = 3, j_3 = 5$.

事实上,任何一个矩阵都可以化为行阶梯矩阵.

引进记号：交换第 i 行与第 j 列,记为 $([i], [j])$；第 i 行乘以非零常数 k,记为 $[i] \cdot (k)$；第 i 行乘数 k 加到第 j 行,记为 $[j] + [i] \cdot (k)$,这些记号写在变换号上部表示初等行变换.

例7 用初等行变换将下列矩阵化为行阶梯矩阵

$$\begin{bmatrix} 2 & 6 & -2 & -10 \\ 2 & 6 & 4 & 14 \\ 3 & 4 & 1 & 6 \end{bmatrix}.$$

解 $\begin{bmatrix} 2 & 6 & -2 & -10 \\ 2 & 6 & 4 & 14 \\ 3 & 4 & 1 & 6 \end{bmatrix} \xrightarrow{[1] \cdot \left(\frac{1}{2}\right)} \begin{bmatrix} 1 & 3 & -1 & -5 \\ 2 & 6 & 4 & 14 \\ 3 & 4 & 1 & 6 \end{bmatrix}$

$\xrightarrow[{[3] + [1] \cdot (-3)}]{[2] + [1] \cdot (-2)} \begin{bmatrix} 1 & 3 & -1 & -5 \\ 0 & 0 & 6 & 24 \\ 0 & -5 & 4 & 21 \end{bmatrix} \xrightarrow{([2], [3])} \begin{bmatrix} 1 & 3 & -1 & -5 \\ 0 & -5 & 4 & 21 \\ 0 & 0 & 6 & 24 \end{bmatrix}.$

最后一个矩阵就是行阶梯矩阵.

例8 解下列齐次线性方程组

$$\begin{cases} x_1 - 2x_2 - 4x_3 = 0, \\ 2x_1 + 5x_2 + x_3 = 0, \\ 3x_1 + 3x_2 - 3x_3 = 0. \end{cases}$$

解 将该方程组的系数矩阵施行初等行变换:

$$A = \begin{bmatrix} 1 & -2 & -4 \\ 2 & 5 & 1 \\ 3 & 3 & -3 \end{bmatrix} \xrightarrow[{[3]+[1]\cdot(-3)}]{[2]+[1]\cdot(-2)} \begin{bmatrix} 1 & -2 & -4 \\ 0 & 9 & 9 \\ 0 & 9 & 9 \end{bmatrix}$$

$$\xrightarrow{[3]+[2]\cdot(-1)} \begin{bmatrix} 1 & -2 & -4 \\ 0 & 9 & 9 \\ 0 & 0 & 0 \end{bmatrix} \xrightarrow{[2]\cdot\left(\frac{1}{9}\right)} \begin{bmatrix} 1 & -2 & -4 \\ 0 & 1 & 1 \\ 0 & 0 & 0 \end{bmatrix}$$

$$\xrightarrow{[1]+[2]\cdot(2)} \begin{bmatrix} 1 & 0 & -2 \\ 0 & 1 & 1 \\ 0 & 0 & 0 \end{bmatrix}.$$

于是,原方程组化为:$x_1 - 2x_3 = 0$ 与 $x_2 + x_3 = 0$. 从而它的一般解为:

$$\begin{cases} x_1 = 2x_3, \\ x_2 = -x_3, \end{cases}$$

此时,对于未知量 x_3 的任意取值,都唯一确定了 x_1 和 x_2 的值.因此该方程组有无穷多组解,x_3 称为**自由未知量**.

例 9 解下列非齐次线性方程组

$$\begin{cases} x_1 - 2x_2 - 4x_3 = -5, \\ 2x_1 + 5x_2 + x_3 = 17, \\ 3x_1 + 3x_2 - 3x_3 = 12. \end{cases}$$

解 容易看出例 8 中的齐次线性方程组就是本方程组的导出组.对该方程组的增广矩阵实施初等行变换:

$$\tilde{A} = \begin{bmatrix} 1 & -2 & -4 & -5 \\ 2 & 5 & 1 & 17 \\ 3 & 3 & -3 & 12 \end{bmatrix} \rightarrow \begin{bmatrix} 1 & 0 & -2 & 1 \\ 0 & 1 & 1 & 3 \\ 0 & 0 & 0 & 0 \end{bmatrix}.$$

行阶梯阵对应的方程组为

$$\begin{cases} x_1 - 2x_3 = 1, \\ x_2 + x_3 = 3, \end{cases}$$

所以原方程组有无穷多组解:

$$\begin{cases} x_1 = 1 + 2x_3, \\ x_2 = 3 - x_3, \end{cases}$$

其中 x_3 是自由未知量.

上面是无穷多解的情形.那么什么情况下,线性方程组(6.3)无解?

▲**定理 4**　m 个方程的 n 元线性方程组无解的充分必要条件是:它的增广矩阵经过一系列初等行变换化为行阶梯矩阵后,其最后一个非零行仅有一个非零元素在第 $n + 1$ 列.

例 10　解线性方程组

$$\begin{cases} 2x_1 - x_2 + 3x_3 = 1, \\ 4x_1 - 2x_2 + 5x_3 = 4, \\ 2x_1 - x_2 + 4x_3 = 0. \end{cases}$$

解　对该方程组的增广矩阵实施初等行变换

$$\tilde{A} = \begin{bmatrix} 2 & -1 & 3 & 1 \\ 4 & -2 & 5 & 4 \\ 2 & -1 & 4 & 0 \end{bmatrix} \xrightarrow[\text{[3]} + \text{[1]} \times (-1)]{\text{[2]} + \text{[1]} \times (-2)} \begin{bmatrix} 2 & -1 & 3 & 1 \\ 0 & 0 & -1 & 2 \\ 0 & 0 & 1 & -1 \end{bmatrix}$$

$$\xrightarrow{\text{[3]} + \text{[2]}} \begin{bmatrix} 2 & -1 & 3 & 1 \\ 0 & 0 & -1 & 2 \\ 0 & 0 & 0 & 1 \end{bmatrix}.$$

此时,行阶梯矩阵的每行都是非零行,第三行是最后一个非零行,仅有的一个非零元素在第四列,根据定理4,原方程组无解.

事实上,该行阶梯矩阵对应的方程组为

$$\begin{cases} 2x_1 - x_2 + 3x_3 = 1 \\ \qquad\qquad - x_3 = 2 \\ \qquad\qquad\quad 0 = 1. \end{cases}$$

因此,第三个方程是矛盾方程,从而上述方程组无解,但原方程组与上述方程组是同解的,于是原方程组也无解.

由于定理4给出了方程组无解的充分必要条件,所以,线性方程组只要不满足定理4的条件就一定有解.由于 n 元齐次线性方程组(6.4)总是有零解,因此只需讨论是否有非零解.

▲**定理 5**　n 元齐次线性方程组(6.4)有非零解的充分必要条件是其系数矩阵经初等行变换化为行阶梯矩阵后,非零行的行数 $r < n$.

▲**推论 1**　如果齐次线性方程组(6.4)的方程个数小于方程组未知量的个数,那么该齐次线性方程组必有非零解.

▲**推论2**　如果 n 元非齐次线性方程组(6.3)有解,那么它有无穷多解的充分必要条件是其增广矩阵经初等行变换化为行阶梯矩阵后其非零行的行数 $r < n$.

思考题

1. 如何仿照 §2 的方法求 $1^3 + 2^3 + 3^3 + \cdots + n^3$?

2. 在解线性方程组时,为什么只对增广矩阵施行初等行变换? 能不能对增广矩阵施行初等列变换?

欣赏　在看不见数学的地方应用数学.

这是一个真实的故事.20 世纪 80 年代,上海位育中学的一位学生毕业后到和平饭店做电工.工作中发现在地下室控制 10 层以上房间空调的温度不准.经过分析,原来是空调使用三相电,而连接地下室和空调器的三根导线的长度不同,因而电阻也不同.剩下的问题是:如何测量这三根电线的电阻呢? 显然,用电工万用表是无法量这样长的电线电阻的.于是这位电工想到了数学.他想:一根一根测很难,但是把三根导线在高楼上两两相连接,然后在地下室测量"两根电线"的电阻是很容易的.假设测出的电阻(如图)分别是 a、b、c,三根导线电阻分别是 x、y、z,于是他列出以下的三元一次线性方程组:

$$\begin{cases} x + y = a, \\ y + z = b, \\ z + x = c. \end{cases}$$

解出这个方程组就得到了三根电线的电阻,而这是每个高中生都会做的.

例子发人深思.解这样的线性方程组,知识和能力都不成问题,难的是要具有应用联立方程的意识和眼光,在看不见数学的地方,创造性地运用数学.

清代学者袁枚说:"学如弓弩,才如箭镞,识以领之,方能中鹄".知识是弓,而才学是箭,如果不能瞄准目标,再好的弓,再好的箭,也是没用的.所以一个人,光有知识不行,光有知识和能力也不行,需要才学识三者都具备,而引领我们打中目标的,就是一种高超的见识.

回顾 20 世纪,会发现很多创新都是在看不见数学的地方应用了数学的结果.典型的有第二次世界大战以后的 1948 年,在美国出现的三项伟大数学成就(见下图).

维纳发表《控制论》　　　　　仙农发表《信息论》　　　　　冯·诺依曼:计算机方案

　　这三项数学成就,不是通常我们所解决的那种"已知—求证"式的数学问题,而是在一般人看不见数学的地方发现和创立数学.打电报传送的信息,可以是数学研究的对象吗? 用大脑控制手去拾地下的铅笔,可以构成"数学控制论"吗? 研究数字电子计算机会改变时代吗? 他们三个人在 1948 年不约而同地做出了创造性的贡献.建立了信息论、控制论和电子计算机设计方案.在别人看不见数学的地方,发现了数学问题,解决了数学问题,产生了伟大的数学创新.

习 题 六

1. 求下列线性方程组的解

$$\begin{cases} 3x + y = 1, \\ x + 3y = -2. \end{cases}$$

令 $D = \begin{vmatrix} 3 & 1 \\ 1 & 3 \end{vmatrix}$, $D_1 = \begin{vmatrix} 1 & 1 \\ -2 & 3 \end{vmatrix}$, $D_2 = \begin{vmatrix} 3 & 1 \\ 1 & -2 \end{vmatrix}$. 计算这些行列式的值.问它们与该方程组的解有何联系?

2. 设

$$A = \begin{bmatrix} 3 & 4 \\ 1 & -2 \end{bmatrix}, \quad B = \begin{bmatrix} 1 & 2 \\ -3 & 1 \end{bmatrix}.$$

试计算:

(1) $3A$;　　　　　　(2) $A + B$;　　　　　　(3) $3A - 2B$;

(4) $(3A)^{\mathrm{T}} - (2B)^{\mathrm{T}}$;　　(5) $|A| + |B|$;　　　　(6) $|A + B|$.

3. 设 $A = \begin{bmatrix} 2 & -1 & 7 \\ 0 & 6 & 5 \\ -2 & 4 & 8 \end{bmatrix}$,求矩阵 B、C 使得 B 是对称矩阵,C 是反对称矩阵,且

$A = B + C$.

4. 计算下列三阶行列式:

(1) $\begin{vmatrix} 2 & 0 & 0 \\ -8 & 7 & 0 \\ 3 & -3 & 4 \end{vmatrix}$;　　(2) $\begin{vmatrix} 2 & -7 & -2 \\ 4 & 5 & 0 \\ 3 & 0 & 0 \end{vmatrix}$;　　(3) $\begin{vmatrix} 1 & 2 & 3 \\ 2 & 3 & 1 \\ 3 & 1 & 2 \end{vmatrix}$;

(4) $\begin{vmatrix} 5 & 1 & 1 \\ 1 & 5 & 1 \\ 1 & 1 & 5 \end{vmatrix}$;　　(5) $\begin{vmatrix} 0 & 15 & -7 \\ -15 & 0 & 6 \\ 7 & -6 & 0 \end{vmatrix}$.

5. 用克莱姆法则解下列方程组：

(1) $\begin{cases} x_1 + 2x_2 = 8, \\ 3x_1 - x_2 = 3; \end{cases}$
    $\qquad$
(2) $\begin{cases} 2x_1 + x_2 + 3x_3 = 0, \\ 4x_1 + 5x_2 - x_3 = 8, \\ 2x_1 + x_2 + 4x_3 = -2; \end{cases}$

(3) $\begin{cases} x_1 + 2x_2 + 3x_3 = 1, \\ 2x_1 + 2x_2 + 5x_3 = 2, \\ 3x_1 + 5x_2 + x_3 = -3. \end{cases}$

6. 用消元法解下列线性方程组：

(1) $\begin{cases} x_1 + x_2 + x_3 + x_4 = 0, \\ x_1 - x_2 - x_3 + x_4 = 0; \end{cases}$
    $\qquad$
(2) $\begin{cases} x_1 - x_2 + 2x_3 + 3x_4 = 1, \\ x_1 + x_2 + 3x_3 + 2x_4 = 3, \\ 3x_1 - x_2 + 7x_3 + 8x_4 = 9. \end{cases}$

7. 求多项式 $f(x) = a_3 x^3 + a_2 x^2 + a_1 x + a_0$, 使 $f(2) = 13$, $f(1) = 5$, $f(0) = 7$, $f(-1) = 13$.

8. 将下列各线性方程组写成矩阵方程的形式：

(1) $\begin{cases} 3x_1 - 2x_2 = 1, \\ 2x_1 + 3x_2 = 5; \end{cases}$
    $\qquad$
(2) $\begin{cases} 2x_1 + x_2 - x_3 = 6, \\ x_1 + x_2 = 5, \\ 3x_1 - 2x_2 + 2x_3 = 7. \end{cases}$

9. 设

$$A = \begin{bmatrix} 2 & 1 \\ 6 & 3 \\ -2 & 4 \end{bmatrix}, \quad B = \begin{bmatrix} 2 & 4 \\ 1 & 6 \end{bmatrix}.$$

验证：

(1) $3(AB) = (3A)B = A(3B);$
    $\qquad$
(2) $(AB)^T = B^T A^T.$

10. 利用行列式的展开定理和行列式的性质,计算下列四阶行列式的值：

(1) $\begin{vmatrix} 0 & 0 & -1 & 2 \\ 1 & -3 & 0 & -6 \\ 2 & -3 & -1 & 1 \\ 1 & -2 & -3 & 5 \end{vmatrix};$
    $\qquad$
(2) $\begin{vmatrix} 1 & 2 & 3 & 4 \\ 2 & 3 & 4 & 1 \\ 3 & 4 & 1 & 2 \\ 4 & 1 & 2 & 3 \end{vmatrix}.$

11. 求下列矩阵的逆矩阵：

(1) $\begin{bmatrix} -2 & 1 \\ 1 & 0 \end{bmatrix};$ (2) $\begin{bmatrix} 4 & 3 \\ 7 & 5 \end{bmatrix};$ (3) $\begin{bmatrix} 1 & 1 & 1 \\ 0 & 1 & 1 \\ 0 & 0 & 1 \end{bmatrix};$ (4) $\begin{bmatrix} 2 & -1 & 0 \\ -1 & 2 & -1 \\ 0 & -2 & 2 \end{bmatrix}.$

12. 如果 A 是一个 m 阶方阵. $f(x) = a_n x^n + a_{n-1} x^{n-1} + \cdots + a_1 x + a_0$ 是关于 x 的多项式,我们称如下矩阵

$$a_n A^n + a_{n-1} A^{n-1} + \cdots + a_1 A + a_0 E_m$$

为矩阵 A 的多项式,记为 $f(A)$,其中 $A^n = A \cdot A \cdot \cdots \cdot A$ 是 n 个 A 相乘.试对下列矩阵 A 及多项式 $f(x)$,计算 $f(A)$.

(1) $A = \begin{bmatrix} 3 & 1 \\ -2 & 3 \end{bmatrix}$, $f(x) = x^2 - 6x + 11$;

(2) $A = \begin{bmatrix} 1 & 2 & 3 \\ 1 & -1 & 0 \\ 0 & 0 & 3 \end{bmatrix}$, $f(x) = 2x^2 - x + 1$.

13. 将下列矩阵用初等行变换化为行阶梯矩阵:

(1) $\begin{bmatrix} 1 & -1 & 2 & 0 \\ 2 & 2 & 1 & 7 \\ -1 & 2 & 3 & 4 \\ 2 & 3 & 6 & 9 \end{bmatrix}$; 　　(2) $\begin{bmatrix} 1 & -1 & 2 & 2 & 1 \\ 2 & -2 & 4 & 4 & 3 \\ 3 & 2 & 4 & 4 & 1 \end{bmatrix}$.

14. 利用矩阵的初等行变换解下列线性方程组:

(1) $\begin{cases} x_1 + x_2 + x_3 = 0, \\ 2x_1 + 3x_2 - x_3 = 0, \\ 4x_1 + 9x_2 + x_3 = 0; \end{cases}$ 　　(2) $\begin{cases} x_1 - 2x_2 + x_3 + x_4 = 1, \\ x_1 - 2x_2 + x_3 - x_4 = -1, \\ x_1 - 2x_2 + x_3 + 5x_4 = 5; \end{cases}$

(3) $\begin{cases} 2x_1 + 3x_2 + x_3 = 3, \\ x_1 + 2x_2 + x_3 = 1, \\ x_1 - x_2 - 2x_3 = 0. \end{cases}$

15. λ 取何值时,线性方程组

$$\begin{cases} \lambda x_1 + x_2 + x_3 = 1, \\ x_1 + \lambda x_2 + x_3 = \lambda, \\ x_1 + x_2 + \lambda x_3 = \lambda^2 \end{cases}$$

(1) 有唯一解;(2) 无解;(3) 有无穷多个解.

参考书目

1. 张奠宙,丁传松,柴俊.情真意切话数学[M].北京:科学出版社,2011.

2. 张奠宙,柴俊.大学数学教学概说[M].北京:高等教育出版社,2015.

3. 刘里鹏.从割圆术走向无穷小[M].长沙:湖南科学技术出版社,2009.

4. 李尚志.数学的神韵[M].北京:科学出版社,2010.

5. 柴俊,丁大公,陈咸平,等.高等数学[M].北京:科学出版社,2007.

6. 韩雪涛.数学悖论与三次数学危机[M].长沙:湖南科学技术出版社,2006.

7. 蒋鲁敏,赵小平,刘宗海,等.文科数学——数学思想和方法[M].上海:华东师范大学出版
   社,2000.